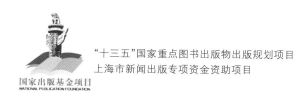

"十三五"国家重点图书出版物出版规划项目

上海市新闻出版专项资金资助项目

黄河下游乡村人居环境

李　鹏　段文婷　张军民　著

同济大学 出版社

TONGJI UNIVERSITY PRESS

·上海·

图书在版编目(CIP)数据

黄河下游乡村人居环境 / 李鹏，段文婷，张军民著
. —上海：同济大学出版社，2021.12
（中国乡村人居环境研究丛书 / 张立主编）
ISBN 978-7-5765-0001-1

Ⅰ. ①黄… Ⅱ. ①李… ②段… ③张… Ⅲ. ①黄河一
下游一乡村一居住环境一研究 Ⅳ. ①X21

中国版本图书馆 CIP 数据核字(2021)第 273538 号

"十三五"国家重点图书出版物出版规划项目
国家出版基金项目
上海市新闻出版专项资金资助项目
国家自然科学基金项目
山东省社会科学规划研究项目

中国乡村人居环境研究丛书
黄河下游乡村人居环境
李　鹏　段文婷　张军民　著

丛书策划　华春荣　高晓辉　翁　晗
责任编辑　张　翠
责任校对　徐春莲
封面设计　王　翔

出版发行　同济大学出版社　www.tongjipress.com.cn
　　　　　（地址：上海市四平路 1239 号　邮编：200092　电话：021-65985622）
经　　销　全国各地新华书店、建筑书店、网络书店
排版制作　南京文脉图文设计制作有限公司
印　　刷　上海安枫印务有限公司
开　　本　710mm×1000mm　1/16
印　　张　14.75
字　　数　295 000
版　　次　2021 年 12 月第 1 版
印　　次　2021 年 12 月第 1 次印刷
书　　号　ISBN 978-7-5765-0001-1
定　　价　138.00 元

地图审图号：GS(2022)2038 号

内 容 提 要

　　本书及其所属的丛书，是同济大学等高校团队多年来的社会调查和分析研究成果展现，并与同济大学所承担的住房和城乡建设部课题"我国农村人口流动与安居性研究"密切相关；本丛书被纳入"十三五"国家重点图书出版物出版规划项目。

　　丛书的撰写以党的十九大提出的乡村振兴战略为指引、以对我国 13 个省（自治区、直辖市）、480 个村的大量一手调查资料和城乡统计数据分析为基础。书稿借鉴了本领域国内外的相关理论和研究方法，建构了本土乡村人居环境分析的理论框架；具体的研究工作涉及乡村人口流动与安居、公共服务设施、基础设施、生态环境保护以及乡村治理和运作机理等诸多方面。这些内容均关系到对社会主义新农村建设的现实状况的认知，以及对我国城乡关系的历史性变革和转型的深刻把握。

　　《黄河下游乡村人居环境》的出版旨在为新时代的黄河下游乡村人居环境建设提供基础性依据，并为乡村规划的技术规范的研究编制提供实证参考。鉴于乡村人居环境研究是一个新的庞大领域，加之一直处在发展变化之中，相关的调查和研究工作需要持续进行。

　　本书可供各级政府制定乡村振兴政策、措施时参考使用，可作为政府农业农村、规划、建设等部门及"三农"问题研究者的参考书，也可供高校相关专业师生延伸阅读。

中国乡村人居环境研究丛书
编委会

序　　一

我欣喜地得知，"中国乡村人居环境研究丛书"即将问世，并有幸阅读了部分书稿。这是乡村研究领域的大好事、一件盛事，是对乡村振兴战略的一次重要学术响应，具有重要的现实意义。

乡村是社会结构(经济、社会、空间)的重要组成部分。在很长的历史时期，乡村一直是社会发展的主体，即使在城市已经兴起的中世纪欧洲，政治经济主体仍在乡村，商人只是地主和贵族的代言人。只是在工业革命以后，随着工业化和城市化进程的推进，乡村才逐渐失去了主体的光环，沦落为依附的地位。然而，乡村对城市的发展起到了十分重要的作用。乡村孕育了城市，以自己的资源、劳力、空间支撑了城市，为社会、为城市发展作出了重大的奉献和牺牲。

中国自古以来以农立国，是一个农业大国，有着丰富的乡土文化和独特的经济社会结构。对乡村的研究历来有之，20 世纪 30 年代费孝通的"江村经济"是这个时期的代表。中国的乡村也受到国外学者的关注，大批的外国人以各种角色(包括传教士)进入乡村开展各种调查。1949 年以来，国家的经济和城市得到迅速发展，人口、资源、生产要素向城市流动，乡村逐渐走向衰败，沦为落后、贫困、低下的代名词。但是乡村作为国家重要的社会结构具有无可替代的价值，是永远不会消失的。中央审时度势，综览全局，及时对乡村问题发出多项指令，从解决"三农"问题到乡村振兴，大大改变了乡村面貌，乡村的价值(文化、生态、景观、经济)逐步为人们所认识。城乡统筹、城乡一体，更使乡村走向健康、协调发展之路。乡村兴，国家才能兴；乡村美，国土才能美。但是，总体而言，学界、业界乃至政界对乡村的关注、了解和研究是远远不够的。今天中国进入一个新的历史时期，无论从国家的整体发展还是圆百年之梦而言，乡村必须走向现代化，乡村研究必须快步追上。中国的乡村是非常复杂的，在广袤的乡村土地上，由于自然地形、历史进程、经济水平、人口分布、民族构成等方面的不同，千万个乡村呈现出巨大的差异，要研究乡村、了解乡村还是相当困难和艰苦的.同济大学团队借承担住房和城乡建设部乡村人居环境研究课题的机会，利用在国内各地多个规划项目的积累，联合国内多所高校和研究设计机构，开展了全国性的乡村田野调查，总结撰写了一套共 10 个分册的"中国乡村人居环境研究丛书"，适逢其时，为乡村的研究提供了丰富的基础性资料和研究经验，对当代的乡村研究具有借鉴意义并起到示范作用，为乡村振兴作出了有价值的贡献！

纵观本套丛书，具有以下特点和价值。

（1）研究基础扎实，科学依据充分。由 100 多名教师和 500 多名学生组成的调查团队，在 13 个省（自治区、直辖市）、85 个县（市区）、234 个乡镇、480 个村开展了多地区、多类型、多样本的全国性的乡村田野调查，行程 10 万余公里，撰写了 100 万字的调研报告，在此基础上总结提炼，撰写成书，对我国主要区域、不同类型的乡村人居环境特点、面貌、建设状况及其差异作了系统的解析和描述，绘就了一份微缩的、跃然纸上的乡居画卷。而其深入村落，与 7 578 位村民面对面的访谈，更反映了村庄实际和村民心声，反映了乡村振兴"为人民"的初心和"为满足美好生活需要"而研究的历史使命。近几年来，全国开展村庄调查的乡村研究已渐成风气。江苏省开展全省性乡村调查，出版了《2012 江苏乡村调查》和《百年历程 百村变迁：江苏乡村的百年巨变》等科研成果，其他多地也有相当多的成果。但对全国的乡村调查——且以乡村人居环境为中心——在国内尚属首次。

（2）构建了一个由理论支撑、方法统一、组织有机、运行有效的多团体的科研协作模式。作为团队核心的同济大学，首先构建了阐释乡村人居环境特征的理论框架，举办了培训班，统一了研究方法、调研方式、调查内容、调查对象。同时，同济大学团队成员还参与了协作高校和规划设计机构的调研队伍，以保证传导内容的一致性。同时，整个研究工作采用统分结合的方式——调研工作讲究统一要求，而书稿写作强调发挥各学校的能动性和积极性，根据各区域实际，因地制宜反映地方特色（如章节设置、乡村类型划分、历史演进叙述、问题剖析、未来思考），使丛书丰富多样，具有新鲜感。我曾在 20 世纪 90 年代组织过一次中美两国十多所高校和研究设计机构共同开展的"中国自下而上的城镇化发展研究"课题，以小城镇为中心进行了覆盖全国十多个省区、几十个小城镇的多类型调研，深知团队合作的不易。因此，从调研到出版的组织合作经验是难能可贵的。

（3）提出了一些乡村人居环境研究领域颇具见地的观点和看法。例如，总结提出了国内外乡村人居环境研究的"乡村—乡村发展—乡村转型"三阶段，乡村人居环境特征构成的三要素（住房建设、设施供给、环卫景观）；构建了乡村人居环境、村民满意度评价指标体系；提出了宜居性的概念和评价指标，探析了乡村人居环境的运行机理等。这些对乡村研究和人居环境研究都有很大的启示和借鉴意义。

　　丛书主题突出、思路清晰、内容全面、特色鲜明，是一次系统性、综合性的对中国乡村人居环境的全面探索。丛书的出版有重要的现实意义和开创价值，对乡村研究和人居环境研究都具有基础性、启示性、引领性的作用。

崔功豪

南京大学

2021 年 12 月

序　二

这是一套旨在帮助我们进一步认识中国乡村的丛书。

我们为什么要"进一步认识乡村"？

第一，最直接的原因，是因为我们对乡村缺乏基本的了解。"我们"是谁，是"城里人"还是"乡下人"？我想主要是城里人——长期居住在城市里的居民。

我们对于乡村的认识可以说是凤毛麟角，而我们的这些少得可怜的知识，可能是基于一些亲戚朋友的感性认知、文学作品里的生动描述，或者是来自节假日休闲时浮光掠影的印象。而这些表象的、浅层的了解，难以触及乡村发展中最本质的问题，当然不足以作为决策的科学支撑。所以，我们才不得不用城市规划的方式规划村庄，以管理城市的方式管理乡村。

这样的认知水平，不是很多普通市民的"专利"，即便是一些著名的科学家，对于乡村的理解也远比不上对城市来得深刻。笔者曾参加过一个顶级的科学会议，专门讨论乡村问题，会上我求教于各位院士专家："什么是乡村规划建设的科学问题？"并没有得到完美的解答。

基本科学问题不明确，恰恰反映了学术界对于乡村问题的把握，尚未进入"自由王国"的境界，甚至可以说，乡村问题的学术研究在一定程度上仍然处在迷茫和不清晰的境地。

第二，我们对于乡村的理解尚不全面不系统，有时甚至是片面的。比如，从事规划建设的专家，多关注农房、厕所、供水等；从事土地资源管理的专家，多关注耕地保护、用途管制；从事农学的专家，多关注育种、种植；从事环境问题的专家，多关注秸秆燃烧和化肥带来的污染；等等。

但是，乡村和城市一样，是一个生命体，虽然其功能不及城市那样复杂，规模也不像城市那么庞大，但所谓"麻雀虽小，五脏俱全"，其系统性特征非常明显。仅从部门或行业视角观察，往往容易带来机械主义的偏差，缺乏总揽全局、面向长远的能力，因而容易导致片面的甚至是功利主义的政策产出。

如果说现代主义背景的《雅典宪章》提出居住、工作、休憩、交通是城市的四大基本活动,由此奠定了现代城市规划的基础和功能分区的意识,那么,迄今为止还没有出现一个能与之媲美的系统认知乡村的科学模型。

农业、农村、农民这三个维度构成的"三农",为我们认识乡村提供了重要的政策视角,并且孕育了乡村振兴战略、连续十多年以"三农"为主题的中央一号文件,以及机构设置上的高配方案。不过,政策视角不能替代学术研究,目前不少乡村研究仍然停留在政策解读或实证研究层面,没有达到规范性研究的水平。反过来,这种基于经验性理论研究成果拟定的政策行动,难免采取"头痛医头,脚痛医脚"的策略,甚至出现政策之间彼此矛盾、相互掣肘的局面。

第三,我们对于乡村的理解缺乏必要的深度,一般认为乡村具有很强的同质性。姑且不去考虑地形地貌的因素,全国 200 多万个自然村中,除去那些当代"批量""任务式""运动式"的规划所"打造"的村庄,很难找到两个完全相同的。形态如此,风貌如此,人口和产业构成更表现出很大的差异。

如果把乡村作为一种文化现象考察,全国层面表现出来的丰富多彩,足以抵消一定地域内部的同质性。况且,作为人居环境体系的起源,乡村承载了更加丰富多元的中华文明,蕴含着农业文明的空间基因,它们与基于工业文明的城市具有同等重要的文化价值。

从这一点来说,研究乡村离不开城市。问题是不能拿研究城市的理论生搬硬套。事实上,我国传统的城乡关系,从来就不是对立的,而是相互依存的"国—野"关系。只是工业化的到来,导致了人们对资源的争夺,特别是近代租界的强势嵌入和西方自治市制度的引入,才使得城乡之间逐步走向某种程度的抗争和对立。

在建设生态文明的今天,重新审视新型城乡关系,乡村因为其与自然环境天然的依存关系,生产、生活和生态空间的融合,成为城市规划建设竞相仿效的范式。在国际上,联合国近年来采用的城乡连续体(rural-urban continuum)的概念,可以说也是对于乡村地位与作用的重新认知。乡村人居环境不改善,城市问题无法很好地解决;"城市病"的治理,离不开我们对乡村地位的重新认识。

显而易见,乡村从来就不只是居民点,乡村不是简单、弱势的代名词,它所承载的信息是十分丰富的,它对于中华民族伟大复兴的宏伟目标非常重要。党的十九大报告提出乡村振兴战略,以此作为决胜全面建成小康社会、开启全面建设社会主义现代化国家新征程的重大历史任务。在"全面建成了小康社会,历史性地解决了绝对贫困问题"之际,"十四五"规划更提出了"全面推进乡村振兴"的战略部署,这是一个涵盖农业发展、农村治理和农民生活的系统性战略,以实现缩小城乡差别、城乡生活品质趋同的目标,成为城乡人居体系中稳住农民、吸引市民的重要环节。

实现这些目标的基础,首先必须以更宽广的视角、更系统的调查、更深入的解剖,去深刻认识乡村。"中国乡村人居环境研究丛书"试图在这方面做一些尝试。比如,借助组织优势,作者们对于全国不同地区的乡村进行了广泛覆盖,形成具有一定代表性的时代"快照";不只是对于农房和耕地等基本要素的调查,也涉及产业发展、收入水平、生态环境、历史文化等多个侧面的内容,使得这一"快照"更加丰满、立体。为了数据的准确、可靠,同济大学等团队坚持采取入户调查的方法,调查甚至涉及对于各类设施的满意度、邻里关系、进城意愿等诸多情感领域问题,使得这套丛书的内容十分丰富、信息可信度高,但仍有不少进一步挖掘的空间。

眼下我国正进入城镇化高速增长与高质量发展并行的阶段,农村地区人口减少、老龄化的趋势依然明显,随着乡村振兴战略的实施,农业生产的现代化程度和农村公共服务水平不断提高,乡村生活方式的吸引力也开始显现出来。

乡村不仅不是弱势的,不仅是有吸引力的,而且在政策、技术和学术研究的层面,是与城市有着同等重要性的人居形态,是迫切需要展开深入学术研究的领域。

作为一种空间形态,乡村空间不只存在着资源价值、生产价值、生态价值,正如哈维所说,也存在着心灵价值和情感价值,这或许会成为破解乡村科学问题的一把钥匙。乡村研究其实是一种文化空间的问题,是一种认同感的培养。

对于一个有着五千多年历史、百分之六七十的人口已经居住在城市的大国而言,城市显然是影响整个国家发展的决定性因素之一,而乡村人居环境问题,也是名副其实的重中之重。这套丛书的作者们正是胸怀乡村发展这个"国之大者",从乡村人居环境的理论与方法、乡村人居环境的评价、运行机理与治理策略等多个维度,对 13 个省(自治区、直辖市)、480 个村的田野调查数据进行了系统的梳理、分析与挖掘,其中揭示了不少值得关注的学术话题,使得本书在数据与资料价值的基础上,增添了不少理论色彩。

　　"三农"问题,特别是乡村问题需要全面系统深入的学术研究,前提是科学可靠的调查与数据,是对其科学问题的界定与挖掘,而这显然不仅仅是单一学科的研究,起码应该涵盖公共管理学、城乡规划学、农学、经济学、社会学等诸多学科。正是出于对乡村人居环境问题的兴趣,笔者推动中国城市规划学会这个专注于城市和规划研究的学术团体,成立了乡村规划与建设学术委员会。出于同样的原因,应中国城市规划学会小城镇规划学术委员会张立秘书长之邀为本书作序。

石　楠

中国城市规划学会常务理事长兼秘书长

2021 年 12 月

序 三

历时 5 年有余编写完成的"中国乡村人居环境研究丛书"近期即将出版,这是对我国乡村人居环境系统性研究的一项基础性工作,也是我国乡村研究领域的一项最新成果。

我国是名副其实的农业大国。根据住房和城乡建设部 2020 年村镇统计数据,我国共有 51.52 万个行政村、252.2 万个自然村。根据第七次全国人口普查,居住在乡村的人口约为 5.1 亿,占全国人口的 36.11%。协调城乡发展、建设现代化乡村对于中国这样一个有着广大乡村地区和庞大乡村人口基数的发展中国家而言,意义尤为重大。但是,我国长期以来的城乡二元政策使得乡村人居环境建设严重滞后,直到进入 21 世纪,城乡统筹、新农村建设被提到国家战略高度,系统性的乡村建设工作在全国范围内陆续展开,乡村人居环境才得以逐步改善。

纵观开展新农村建设以来的近 20 年,我国乡村人居环境在住房建设、农村基础设施和公共服务补短板、村容村貌提升等方面取得了巨大的成就。根据 2021 年 8 月国务院新闻发布会,目前我国已经历史性地解决了农村贫困群众的住房安全问题。全面实施脱贫攻坚农村危房改造以来,790 万户农村贫困家庭危房得到改造,惠及 2 568 万人;行政村供水普及率达 80% 以上,农村生活垃圾进行收运处理的行政村比例超过 90%,农村居民生活条件显著改善,乡村面貌发生了翻天覆地的变化。

虽然我国的乡村建设政策与时俱进,但乡村建设面临的问题众多,情况复杂。我国各区域发展很不平衡,东部沿海发达地区部分乡村乘着改革开放的春风走出了"乡村城镇化"的特色发展道路,农民收入、乡村建设水平都实现了质的飞跃。而在 2020 年全面建成小康社会之前,我国仍有十四片集中连片特困地区,广泛分布着量大面广的贫困乡村。发达地区的乡村建设需求与落后地区有很大不同,国家要短时间内实现乡村人居环境水平的全面提升,必然面临着诸多现实问题与困难。

从 2005 年党的十六届五中全会通过的《中共中央关于制定国民经济和社会

发展第十一个五年规划的建议》提出"推进社会主义新农村建设",到 2015 年同济大学承担住房和城乡建设部"我国农村人口流动与安居性研究"课题并组织开展全国乡村田野调研工作,我国的新农村建设工作已开展了十年,正值一个很好的对乡村人居环境建设工作进行全面的阶段性观察、总结和提炼的时机。从即将出版的"中国乡村人居环境研究丛书"成果来看,同济大学带领的研究团队很好地抓住了这个时机并克服了既往乡村统计数据匮乏、难以开展全国性研究、乡村地区长期得不到足够重视等难题,进而为乡村研究领域贡献了这样一套系统性、综合性兼具,较为全面、客观反映全国乡村人居环境建设情况的研究成果。

本套丛书共由 10 种单本组成,1 本《中国乡村人居环境总貌》为"总述",其余 9 本分别为江浙地区、江淮地区、上海地区、长江中游地区、黄河下游地区、东北地区、内蒙古地区、四川地区和西南地区等 9 个不同地域乡村人居环境研究的"分述",10 种单本能够汇集而面世,实属不易。我想,这首先得益于同济大学研究团队长期以来在全国各地区开展的村镇研究工作经验积累,从而能够在明确课题开展目的的基础上快速形成有针对性、可高效执行的调研工作计划。其次,通过实施系统性的乡村调研培训,向各地高校/设计单位清晰传达了工作开展方法和材料汇集方式,确保多家单位、多个地区可以在同一套行动框架中开展工作,进而保证调研行为的统一性和成果的可汇总性。这一工作方式无疑为乡村调研提供了方法借鉴。而最核心的支撑工作,当数各调研团队深入各地开展的村庄调研活动,与当地干部、村长、村民面对面的访谈和对村庄物质建设第一手素材的采集,能够向读者生动地展示当时当地某个村的真实建设水平或某类村民的真实生活面貌。

我曾参与了课题"我国农村人口流动与安居性研究"的研究设计,也多次参加了关于本套丛书写作的研讨,特别认同研究团队对我国乡村样本多样性的坚持。10 所高校共 600 余名师生历时 128 天行程超过 10 万公里完成了面向全国 13 个省(自治区、直辖市)、480 个村、28 593 个农村家庭的乡村田野调查,一路不畏辛劳,不畏艰险——甚至在偏远山区,还曾遭遇过汽车抛锚、山体滑坡等危险状况。也正因有了这些艰难的经历,才能让读者看到滇西边境山区、大凉山地区等在当时尚属集中连片特殊困难地区的乡村真实面貌,也更能体会以国家战略推行的乡村扶贫和人居环境提升是一项多么艰巨且意义重大的世界性工程。最后,得益于研究团队的不懈坚持与有效组织,以及他们对于多年乡村田野调查工作的不舍与热情,这套丛书最终能够在课题研究丰硕成果的基础上与广大读者见面。

纵观本套丛书,其价值与意义在于能够直面我国巨大的地域差异和乡村聚落个体差异,通过量大面广的乡村调研为读者勾勒出全国层面的乡村人居环境建设画卷,较为系统地识别并描述了我国宏大的、广泛的乡村人居环境建设工程呈现出的差异性特征,对于一直缺位的我国乡村人居环境基础性研究工作具有引领、开创的意义,并为这次调研尚未涉及的地域留下了求索的想象空间。而本次全国乡村调研的方法设计、组织模式和成果展示也为乡村研究领域提供了有益借鉴。对于本套丛书各位作者的不懈努力和辛勤付出,为我国乡村人居环境研究领域留下了重要一笔,表以敬意。当然,也必须指出,时值我国城乡关系从城乡统筹走向城乡融合,乡村人居环境建设亦在持续推进,面临的形势与需求更加复杂,对乡村人居环境的研究必然需要学界秉持辩证的态度持续关注,不断更新、探索、提升。由此,也特别期待本套丛书的作者团队能够持续建立起历时性的乡村田野跟踪调查,这将对推动我国乡村人居环境研究具有不可估量的意义。

彭震伟

同济大学党委副书记

中国城市规划学会常务理事

2021 年 12 月

序　四

改革开放 40 余年来,中国的城镇化和现代化建设取得了巨大成就,但城乡发展矛盾也逐步加深,特别是进入 21 世纪以来,"三农"问题得到国家层面前所未有的重视。党的十九大报告将实施乡村振兴上升到国家战略高度,指出农业、农村、农民问题是关系国计民生的根本性问题,是全党工作重中之重。

解决好"三农"问题是中国迈向现代化的关键,这是国情背景和所处的发展阶段决定的。我国是人口大国,也是农业大国,从目前的发展状况来看,农业产值比重已经不到 8％,但农业就业比重仍然接近 27％,有超过 2.3 亿进城务工人员游离在城乡之间。我国城镇化具有时空压缩的特点,并且规模大、速度快。20 世纪 90 年代的乡村尚呈现繁荣景象,但 20 多年后的今天,不少乡村已呈凋敝状。第二代进城务工的群体已经形成,农业劳动力面临代际转换。可以讲,中国现代化建设成败的关键之一将取决于能否有效化解城乡发展矛盾,特别是在当前的转折时期,能否从城乡发展失衡转向城乡融合发展。

乡村振兴离不开规划引领,城乡规划作为面向社会实践的应用性学科,在国家实施乡村振兴战略中有所作为,是新时代学科发展必须担负起的历史责任。开展乡村规划离不开对"三农"问题的理解和认识,不可否认,对乡村发展规律和"三农"问题的认识不足是城乡规划学科的薄弱环节。我国的乡村发展地域差异大,既需要对基本面有所认识,也需要对具体地区进一步认知和理解。乡村地区的调查研究,关乎社会学、农学、人类学、生态学等学科领域,这些学科的积累为其提供了认识基础,但从城乡规划学科视角出发的系统性的调查研究工作不可或缺。

"中国乡村人居环境研究丛书"依托于国家住房和城乡建设部课题,围绕乡村人居环境开展了全国性乡村田野调查。本次调研工作的价值有三个方面:

(1)这是城乡规划学科首次围绕乡村人居环境开展大规模调研,运用了田野调查方法,从一个历史断面记录了这些地区乡村发展状态,具有重要学术意义;

(2)调研工作经过周密的前期设计,调研结果有助于认识不同地区间的发展

差异,对于建立我国不同地区整体的认知框架具有重要价值,有助于推动我国的乡村规划研究工作;

（3）调研团队结合各自长期的研究积累,所开展的地域性研究工作对于支撑乡村规划实践具有积极的意义。

本套丛书的出版凝聚了调研团队辛勤的努力和汗水,在此表达敬意,也希望这些成果对于各地开展更加广泛深入、长期持续的乡村调查和乡村规划研究工作起到助推的作用。

张尚武
同济大学建筑与城市规划学院副院长
中国城市规划学会乡村规划与建设学术委员会主任委员
2021 年 12 月

总　前　言

只有联系实际才能出真知,实事求是才能懂得什么是中国的特点。

——费孝通

　　自 21 世纪初期国家提出城乡统筹、新农村建设、美丽乡村等政策以来,乡村人居环境建设取得了很大成就。全国各地都在积极推进乡村规划工作,着力解决乡村建设的无序问题。与此同时,我国乡村人居环境的基础性研究却一直较为缺位。虽然大家都认为全国各地的乡村聚落的本底状况和发展条件各不相同,但是如何识别差异、如何描述差异以及如何应对差异化的发展诉求,则是一个难度很大而少有触及的课题。

　　2010 年前后,同济大学相关学科团队在承担地方规划实践项目的基础上,深入村镇地区开展田野调查,试图从乡村视角去理解城乡人口等要素流动的内在机理。多年的村镇调查使我们积累了较多的深切认识。此后的 2015 年,国家住房和城乡建设部启动了一系列乡村人居环境研究课题,同济大学团队有幸受委托承担了"我国农村人口流动与安居性研究"课题。该课题的研究目标明确,即探寻乡村人居环境改善和乡村人口流动之间的关系,以辨析乡村人居环境优化的逻辑起点。面对这一次难得的学术研究机遇,在国家和地方有关部门的支持下,同济大学课题组牵头组织开展了较大地域范围的中国乡村调查研究。考虑到我国乡村基础资料匮乏、乡村居民的文化水平不高、运作的难度较大等现实情况,课题组确定以田野调查为主要工作方法来推进本项工作;同时也扩展了既定的研究内容,即不局限于受委托课题的目标,而是着眼于对乡村人居环境实情的把握和围绕对"乡村人"的认知而展开更加全面的基础性调研工作。

　　本次田野调查主要由同济大学和各合作高校的师生所组成的团队完成,这项工作得到了诸多部门和同行的支持。具体工作包括下乡踏勘、访谈、发放调查问卷等环节;不仅访谈乡村居民,还访谈了城镇的进城务工人员,形成了双向同步的乡村人口流动的意愿验证。为确保调查质量,课题组对参与调研的全体成员进行了培训。2015 年 5 月,项目调研开始筹备;7 月 1 日,正式开始调研培训;

7月5日，华中科技大学团队率先启程赴乡村调查；11月5日，随着内蒙古工业大学团队返回呼和浩特，调研的主体工作顺利完成。整个调研工作历时128天，100多名教师（含西宁市规划院工作人员）和500多名学生参与其中，撰写原始调查报告100余万字。本次调查合计访谈了7 578名乡村居民，涉及13个省（自治区、直辖市）的85个县（市区）、234个乡镇、480个行政村和28 593个家庭成员。此外，还完成了524份进城务工人员问卷调查，丰富了对城乡人口等要素流动的认识。

本次调研工作可谓量大面广，为更深入地认知和研究我国乡村人居环境及乡村居民的状况提供了大量有价值的基础数据。然而，这么丰富的研究素材，如果仅是作为一项委托课题的成果提交后就结项，不免令人意犹未尽，或有所缺憾。因而经过与参与调查工作的各高校课题组商讨，团队决定以此次调查的资料为基础，以乡村居民点为主要研究对象，进一步开展我国乡村人居环境总貌及地域研究工作。这一想法得到了住房和城乡建设部村镇司的热忱支持。各课题组很快就研究的地域范畴划分达成了共识，即按照江浙地区、上海地区、江淮地区、长江中游地区、黄河下游地区、东北地区、内蒙古地区、四川地区和西南地区等为地域单元深化分析研究和撰写书稿，以期编撰一套"中国乡村人居环境研究丛书"。为提高丛书的学术质量，同济大学课题组将所有调研数据和分析数据共享给各合作单位，并要求全部书稿最终展现为学术专著。这项延伸工程具有很大的挑战性，在一定程度上乡村人居环境研究仍是一个新的领域，没有系统的理论框架和学术传承。为了创新、求实、探索，丛书的编写没有事先拟定共同的写作框架，而是让各课题组自主探索，以图形成契合本地域特征的写作框架和主体内容。

丛书的撰写自2016年年底启动，在各方的支持下，我们组织了4次集体研讨和多次个别沟通。在各课题组不懈努力和有关专家学者的悉心指导和把关下，书稿得以逐步完成和付梓，最终完整地呈现给各地的读者。丛书入选"十三五"国家重点图书出版物出版规划项目，获得国家出版基金以及上海市新闻出版专项资金资助。

中国地域辽阔，我们的调研工作客观上难以覆盖全国的乡村地域，因而丛书的内涵覆盖亦存在一定局限性。然而万事开头难，希望既有的探索性工作能够

激发更多、更深入的相关研究；希望通过对各地域乡村的系统调研和分析，在不
远的将来可以更为完整地勾勒出中国乡村人居环境的整体图景。在研究的地域
方面，除了本丛书已经涉及的地域范畴，在东部和中西部地区都还有诸多省级政
区的乡村有待系统调研。在研究范式方面，尽管"解剖麻雀"式的乡村案例调研
方法是乡村人居环境研究的起点和必由之路，但乡村之外的发展协同也绝不可
忽视，这也是国家倡导的"城乡融合发展"的题中之义；在相关的研究中，尤其要
注意纵向的历史路径、横向的空间地域组织和系统的国家制度政策。尽管丛书
在不同程度上涉及了这些内容，但如何将其纳入研究并实现对案例研究范式的
超越仍待进一步探索。

　　本丛书的撰写和出版得到了住房和城乡建设部村镇建设司、同济大学建筑
与城市规划学院、上海同济城市规划设计研究院和同济大学出版社的大力支持，
在此深表谢意。还要感谢住房和城乡建设部赵晖、张学勤、白正盛、邢海峰、张
雁、郭志伟、胡建坤等领导和同事们的支持。来自各方面的支持和帮助始终是激
励各课题组和调研团队坚持前行的强劲动力。

　　最后，希冀本丛书的出版将有助于学界和业界增进对我国乡村人居环境的
认知，进而引发更多、更深入的相关研究，在此基础上，逐步建立起中国乡村人居
环境研究的科学体系，并为实现乡村振兴和第二个百年奋斗目标作出学界的应
有贡献。

赵　民　张　立

同济大学城市规划系

2021 年 12 月

前　　言

　　党的十八大以来,我国经济社会发展进入了新时代,城乡发展也呈现出新局面。中央在提出新型城镇化命题的同时,也将对乡村的关注提升到前所未有的高度,并在十九大报告中提出实施乡村振兴战略。我国乡村数量巨大、类型丰富多样,开展地域性的乡村研究具有十分重要的学术价值和现实意义。

　　黄河是中华民族的母亲河,孕育了五千多年的中华文明。中央高度重视黄河治理和流域生态保护问题,习近平总书记多次赴沿黄省区视察并作出了黄河流域生态保护和高质量发展的重要指示。本书撰写团队依托 2015 年住房和城乡建设部农村基础研究课题"我国农村人口流动与安居性研究"的调查成果,针对黄河下游山东和河南两省的乡村人居环境开展了较为系统的分析研究,以期为该地区相关政策制定提供参考依据,同时也为我国地域性乡村人居环境研究提供案例和借鉴。

　　本书内容主要包括黄河下游乡村人居环境的政策背景、黄河下游乡村人居环境的总体特征、黄河下游乡村人居环境的地区差异、黄河下游典型地区的乡村人居环境、黄河下游乡村宜居度的影响因素解析、黄河下游乡村人居环境建设的思考等。黄河下游乡村人居环境的政策背景部分,主要梳理了历年"中央一号文件"中有关乡村人居环境政策的要点,归纳总结了山东和河南两省的乡村人居环境政策的演进特征;黄河下游乡村人居环境的总体特征部分,概述了该地区乡村生态环境、经济环境、社会环境和空间环境的总体特征;黄河下游乡村人居环境的地区差异部分,建构了县市单元的乡村人居环境质量评价体系,识别了该地区县市间的乡村人居环境差异;黄河下游典型地区的乡村人居环境部分,选择了黄泛平原、黄河入海口、鲁中南山地丘陵和近海丘陵等四大典型地区,系统分析了各类地区乡村人居环境的特色与问题;黄河下游乡村宜居度的影响因素解析部分,采用了样本村庄调研数据开展乡村人居环境宜居度评价,并剖析了其影响因素;

黄河下游乡村人居环境建设的思考部分,提出了该地区今后生态环境、经济环境、社会环境和空间环境建设的发展建议。

由于本书研究的地域范围较广,涉及的资料数据较多,作者的研究条件和水平有限,书中难免会有欠缺和不妥之处,敬请读者批评指正。

山东建筑大学课题组

2021 年 12 月

目　　录

第1章 绪 论

1.1 研究基础

1.1.1 国内外乡村人居环境研究

1. 国外乡村人居环境研究

国外对乡村人居环境的研究主要经历了"乡村地理—乡村发展—乡村转型"三大阶段。随着城镇化进程的推进产生了不同的研究热点和理论成果,其研究视角也从单一的地理学逐渐向多学科综合过渡,人居环境问题得到了包括社会机构在内的多方关注,定量与定性相结合的研究方法被广泛采用。可持续发展、城乡一体、社会公平、以人为本等观念广泛传播,成为较为普遍的乡村人居环境研究的价值取向和关注点。

2. 国内乡村人居环境研究

我国乡村人居环境建设思想古代即有发端,但近现代以来人居环境相关研究进展较为缓慢,且主要着眼于城市或区域,对乡村人居环境的系统性研究成果较为少见。近年来,城镇化进程中日益突出的乡村人居环境问题,如乡村主体老弱化、农业产业萎缩化、乡村用地空废化、水土环境污损化、聚落体系无序化等[1],逐渐受到城乡规划、经济地理、社会人文、环境保护等各个学科的重视,相关研究呈现出开放性和交叉性的特点。主要研究内容包括乡村人居环境的概念界定、现状问题、影响因素和优化策略等方面,即理论研究、描述研究、解释研究和对策研究等。

1.1.2 黄河下游乡村人居环境研究

由于我国幅员辽阔、地区类型复杂多样,地域性乡村人居环境研究逐步成为

① Long H L, Tu S S, Ge D Z, et al. The allocation and management of critical resources in rural China under restructuring:Problems and prospects[J]. Journal of Rural Studies,2016(47):392-412.

乡村人居环境研究的重要方向。《汉书·沟洫志》中记载"中国川原以百数,莫著于四渎,而河为宗"[1]。黄河下游地区作为我国重要的粮食主产区之一,其乡村地区人居环境研究的重要性不言而喻。然而,目前黄河下游地区的相关研究成果数量仍然较少,仅有的研究主要以黄河下游的单个省份为单元展开。以山东省为对象的研究多集中于现状评价、环境整治、景观设计等方面,现状评价主要以地市为评价单元;也有部分研究以单个乡镇或社区为例,探讨乡村人居环境的优化策略。以河南省为对象的研究成果则相对更少,主要是针对不同地市的乡村人居环境改善路径研究,其研究方法也以定性研究为主。总体来看,将黄河下游地区作为整体,多尺度系统研究乡村人居环境构成、特征、差异和形成机制的成果尚属空白。

1.2　研究概念界定

1.2.1　人居环境

在希腊建筑规划学家道萨迪亚斯(Costantinos Apostolos Doxiadis,1913—1975年)的一系列著作中,"人类聚居"不仅是有形的聚落本身,也包括了聚落周围的自然环境,以及由人类及其活动所构成的社会;人类聚居实际上是整个人类世界本身。吴良镛在其《人居环境科学导论》中对人居环境的定义为:"人类的聚居生活的地方,是与人类生存活动密切相关的地表空间,它是人类在大自然中赖以生存的基地,是人类利用自然、改造自然的主要场所",包含自然、人群、社会、居住、支撑五大系统[2]。二者的核心思想都把人居环境看作是自然、空间、人类构成的有机整体,突出了人类主体的核心地位。在狭义的层面,人居环境侧重于物质空间,主要反映用地、住宅、设施等各项物质要素及其空间范畴。在广义的层面,人居环境是一个多层次的空间系统,可以被分为物质、行为、制度和文化,既有物质的客观实体,也有非物质的各项要素。

---

[1]　黄河水利委员会黄河志总编辑室.黄河志:卷十一　黄河人文志[M].郑州:河南人民出版社,1994.
[2]　吴良镛.人居环境科学导论[M].北京:中国建筑工业出版社,2011.

1.2.2　乡村人居环境

　　广义的乡村人居环境可以理解为生态环境、经济环境、社会环境和空间环境的综合体现,四者遵循一定的关联作用机制,共同构成乡村人居环境的有机系统。其中,生态环境提供自然条件和各项资源,是人居环境得以构建的基底平台;经济环境是乡村发展的动力来源,是人居环境实现的基础要素;村民作为人居环境的活动主体,在"传统习俗、制度文化、价值观念和行为方式"构成的社会环境下,被放置于特定的实体地域空间进行生产生活活动;空间环境既包括地表上自然的生产生活资料,也包括人工创造的各项物质财富和设施。乡村人居环境的狭义理解则与我国近年来开展的农村人居环境整治工作对应,主要包括基础设施建设、环境卫生治理、公共服务提升和规划建设管控等方面,更为强调人居环境建设的工程属性。

　　本书中涉及乡村人居环境发展演变描述和现状特征分析时,采用广义的乡村人居环境概念,从上述四个维度进行了宏观、中观、微观三个层面的描述、分析和评价。其中,乡村生态环境包括乡村所处的自然生态环境(即气候、水文、地质等),以及人类活动对生态环境的影响(即乡村污染和治理情况);乡村经济环境包括乡村所处的区域经济环境(即所在地区的经济发展水平),以及乡村经济发展水平(即乡村产业发展和农户家庭经济情况);乡村社会环境包括乡村所在地区的乡土文化、社会特征,以及社会组织管理、公共服务设施配置情况等;乡村空间环境包括乡村的地域特征、景观特色和基础设施建设情况。在乡村发展政策背景研究中,由于广义的乡村人居环境政策量大面广、难以穷尽,故采用狭义的乡村人居环境概念,重点突出近年来国家和黄河下游两省农村人居环境整治工作的政策内容和演进脉络。

1.3　地域概念界定

1.3.1　黄河下游

　　黄河流域的上游、中游和下游有多种划分方法。本书采用黄河水利委员会的划分方案,具体分界为:内蒙古托克托县河口镇(今双河镇河口村)以上的黄河河段为黄河上游;内蒙古托克托县河口镇至河南荥阳桃花峪的黄河河段为黄河中游;河南荥阳桃花峪以下的黄河河段为黄河下游。

本书对黄河下游的乡村人居环境进行了多尺度的研究。其中,乡村人居环境的总体特征研究是以省份为单元,此处将"黄河下游"界定为山东和河南两省的全域范围。乡村人居环境的地区差异研究则以县市为单元,此处将"黄河下游"进一步细分为山东、河南省所辖的全部县市区和下游沿黄县市区,下游沿黄县市区则界定为河南荥阳桃花峪到入海口的黄河干流和引黄干渠流经的 74 个县市区(图 1-1)。

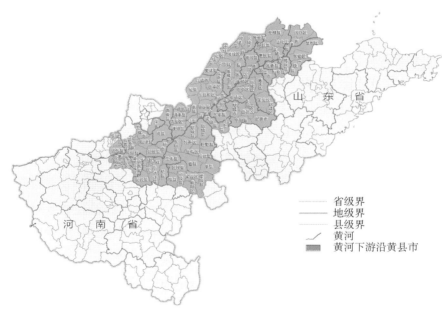

省级界
地级界
县级界
黄河
黄河下游沿黄县市

图 1-1　黄河下游区域示意
资料来源:根据山东、河南两省天地图网站下载标准地图绘制。

1.3.2　黄河下游典型地区

本书选择自然地理类型相对丰富的山东省为代表省份,结合地形地貌特征、突出黄河对地区发展的影响,划分了黄泛平原、黄河入海口、鲁中南山地丘陵和近海丘陵四大典型地区,并选择了其中较能代表分区地形地貌特征的地市来解析黄河下游各典型地区的乡村人居环境特征(图1-2)。

其中,黄泛平原地区主要涉及菏泽市、济宁市、聊城市、德州市;黄河入海口地区主要涉及东营市和滨州市;鲁中南山地丘陵地区主要涉及临沂市、泰安市、济南市、淄博市、潍坊市和枣庄市;近海丘陵地区主要涉及青岛市、烟台市、威海市和日照市。

图1-2 山东省乡村人居环境典型地区划分示意
资料来源:根据山东省天地图网站下载标准地图绘制。

1.4 课题概述

1.4.1 数据来源

本书所用的基础数据包括统计数据和调研数据两部分。其中,统计数据来自国家、山东省、河南省以及各地市、各县市区历年的统计年鉴、统计公报;历年的《中国农村统计年鉴》《中国人口和就业统计年鉴》《中国城乡建设统计年鉴》等行业类年鉴;2015年住房和城乡建设部农村人居环境数据库、2019年山东省村庄统计报表、2019年山东省村庄基本情况摸底调查数据库、第六次人口普查数据和第七次人口普查公报等统计资料。调研数据主要来自 2015 年住房和城乡建设部农村基础研究课题"我国农村人口流动及安居性研究"的问卷调研数据,共涉及 6 个市县的 33 个村庄、689 个农户样本、2 029 个农户家庭成员样本,平均每市县的村庄样本量约为 6 个、每村的农户样本数约为 20 户。

1.4.2　研究方法

本书采用文献分析法、对比研究法、案例研究法、统计分析法等研究方法。

1. 文献分析法

在对黄河下游两省乡村人居环境进行整体特征描述、对各典型地区进行有针对性的回溯分析时,主要使用文献分析法,即收集与黄河下游两省乡村人居环境相关的各类文献资料,进行分类整理,提炼相关地区乡村人居环境发展演变特征。

2. 对比研究法

通过梳理国家和山东、河南两省在乡村人居环境上的政策演变,分析宏观政策环境对乡村人居环境建设的影响;通过与全国其他地区对比,提取黄河下游两省乡村人居环境的整体特征;通过构建指标体系,对比分析黄河下游乡村人居环境在县市层面的差异,并具体分析这些差异体现在哪些方面;通过对比不同属性乡村在宜居度上的差异,分析提取影响乡村人居环境的关键因素。

3. 案例研究法

在对黄河下游乡村人居环境进行整体特征分析时,采用单案例研究方法;在其后典型地区的对比分析中,采用多案例研究方法。

4. 统计分析法

在黄河下游县市乡村人居环境质量评价和乡村宜居度影响因素的分析中,集中采用了各类统计分析方法,如特尔菲法、系统综合评价法、均值检验法、相关分析法等。

1.4.3　研究内容

本书在梳理我国和黄河下游乡村人居环境政策演变的基础上,按照宏观、中观和微观三个层次梯度展开论述。首先,从生态环境、经济环境、社会环境和空间环境四个维度,概述黄河下游山东和河南两省的乡村人居环境总体特征;其次,构建县市单元的乡村人居环境评价体系,识别黄河下游县市乡村人居环境的地区差异;再次,按照地形地貌分区,选择代表地市分析黄泛平原、黄河入海口、鲁中南山地丘陵和近海丘陵四个典型地区的乡村人居环境特征和问题;从次,通过样本村庄的宜居度评价,解析乡村人居环境的影响因素;最后,结合研究结论和地区实际,提出黄河下游地区乡村人居环境优化的对策与建议。

1. 黄河下游乡村发展的政策背景

以"中央一号文件"作为切入点,分析自 20 世纪 80 年代以来,国家层面在"三农"和乡村人居环境建设上的政策演进和发展趋势。以山东、河南两省乡村人居环境建设政策为切入点,分析两省在乡村人居环境建设上的侧重点变迁。

2. 黄河下游乡村人居环境的总体特征

从生态环境、经济环境、社会环境和空间环境四个维度,通过对比全国其他地区,分析黄河下游山东、河南两省乡村地区所处的自然环境以及在其影响下逐渐形成、演化的经济产业特征、社会文化特质和地域空间特色等。

3. 黄河下游乡村人居环境的地区差异

以黄河下游两省下辖县市为对象,以统计数据和空间数据为基础,针对其生态环境、经济环境、社会环境和空间环境,构建乡村人居环境质量评价指标体系,分析黄河下游两省各县市乡村人居环境质量在不同维度上体现出的空间差异。

4. 典型地区乡村人居环境的特征解析

以山东省作为代表性省份,结合实地调研情况,选择黄泛平原、黄河入海口、鲁中南山地丘陵和近海丘陵四大典型地区，从生态环境、经济环境、社会环境和空间环境等维度，分别对各地区的乡村人居环境进行特征提取和描述总结。

5. 黄河下游乡村宜居度的影响因素解析

以村庄调研数据为基础，构建以村庄为单元的宜居度评价指标体系，从主、客观两个维度对调研村庄的宜居度进行评价并解析其影响因素。

6. 黄河下游乡村人居环境建设的思考

从生态环境、经济环境、社会环境和空间环境四个维度，提出黄河下游乡村人居环境建设的方向性策略和建议。

1.4.4 研究价值

1. 理论价值

乡村人居环境是人居环境科学的重要研究领域，近年来逐步成为各学科的研究热点之一。我国地域空间的广阔性和自然条件的差异性，孕育了丰富多元的乡村地域文化和生产生活方式，并逐步形成了差异显著的乡村特色风貌，乡村人居环境呈现出复杂性和多样性。因此，充分重视我国不同地区乡村人居环境的差异性，深入开展地域化、类型化的乡村人居环境研究，具有重要的理论价值。

大河流域的乡村人居环境研究是地域性乡村人居环境研究的重要类型之一。本书以黄河下游乡村为研究对象，在生态环境、经济环境、社会环境和空间环境四个维度的乡村人居环境概念框架下，从宏观的省份层面、中观的县市层面和微观的村庄层面依次循序展开，通过定量评价和定性分析相结合的方式，对黄河下游乡村人居环境进行了系统研究和分析，初步形成具有一定理论价值的地域性乡村人居环境研究方法。

2. 实践价值

黄河是中华民族的母亲河，孕育了五千多年的中华文明。黄河下游主要流经河南和山东两省，历史上即为我国粮油主产区之一，乡村数量巨大、人口稠密、分布密集,乡村人居环境在呈现出共性特征的同时存在着一定的差异性。长期以来,我国高度重视黄河治理和流域生态保护问题,黄河流域生态保护和高质量发展已上升为国家战略。因此,适时开展黄河下游乡村人居环境研究,可掌握该地区乡村人居环境的总体特征、内部差异和影响因素,思考该地区生态环境保护和乡村振兴发展中的典型问题和改进方向,对该地区乡村人居环境建设工作具有一定的指导作用。

近年来,黄河下游两省开展了卓有成效的乡村人居环境整治提升行动,各部门政策协同力度不断加强、标准规范体系日趋完善、各类试点的示范作用逐步显现,乡村人居环境的整体品质取得了显著提升。但受自然条件、经济发展和地域文化的影响,该地区的乡村人居环境水平仍显参差,亟需依托理论研究和调研分析,为指导黄河下游乡村人居环境建设工作提供现实依据和全局参照,为该地区相关政策的制定提供较为系统的资料支撑和思路启示。

第 2 章 黄河下游乡村发展的政策背景

2.1 我国乡村发展的宏观政策演进

2.1.1 "三农"政策演进

"中央一号文件"（以下简称"一号文件"）是中共中央每年发布的第一份文件。我国于1982年至1986年连续五年、2004年至2021年连续十八年发布了以"三农"（农业、农村、农民）为主题的"一号文件"，强调了"三农"问题在中国社会主义现代化时期"重中之重"的地位[①]。梳理1982年以来的"一号文件"可以看出，我国"三农"政策的制定与社会经济发展阶段高度契合，总体上经历了改革启动、统筹提升和全面振兴的演进历程（表2-1）。

1. 改革启动期（1982—1986 年）

十一届三中全会后，中央工作的重心转移到社会主义现代化建设和改革开放上，为打破人民公社等的计划经济制度对农业农村发展的束缚，国家宏观政策重心开始向农业政策调整转移，通过改革赋予农民经营自主权。

1982—1986年的5份"一号文件"聚焦于解决农村和农业的经营体制和农民增收问题。其中，1982年的"一号文件"明确了包产到户、包干到户的社会主义集体经济属性，并对今后农村改革工作做出了方向性的指导；1983年的"一号文件"明确了联产承包责任制的性质；1984年的"一号文件"开始注重发展农村商品经济；1985年的"一号文件"开启了农副产品统派购制度改革；1986年的"一号文件"肯定了农村改革方向的正确性，并提出完善新体制。

这一时期的"一号文件"以解决农民温饱问题为政策出发点，开启了农村计划经济体制向发展计划指导下的农村商品经济转轨的改革进程。土地承包经营

---

① 1982—2019 年历年中央"一号文件"原文，中央人民政府门户网站。

的诱致性制度变迁和中央政府形成了良性互动,政策和实践紧密结合,国家在政策被具体执行的过程中根据变化的形势,以"一号文件"的形式做出了快速调整,完善了相关政策,使我国的农业生产力得到了极大解放[①]。

2. 统筹提升期(2004—2017 年)

1987—2003 年,"一号文件"的主题随着经济体制改革重心向工业、城市的转移,转向了处理年度突出问题和重大事件。随着该时期农产品价格下降、农地抛荒等问题的出现,以及大规模自然灾害的频发,"三农"问题重新成为国家政策关注的焦点。

2004 年"一号文件"通过"多予、少取、放活"来促进农民增收,以扭转城乡居民收入差距不断扩大的趋势;2005 年"一号文件"强调以严格保护耕地为基础,以加强农田水利建设为重点,以推进科技进步为支撑,提升农业综合生产能力;2006 年"一号文件"贯彻十六届五中全会精神,提出了建设社会主义新农村的重大历史使命;2007 年、2008 年"一号文件"明确了发展现代农业是推进社会主义新农村建设的首要任务;2009 年"一号文件"强调加大农民种粮支持力度和解决农民工就业问题,乡村民生建设重点投向电网建设、道路建设、饮水安全工程建设、沼气建设、危房改造等五个领域;2010 年"一号文件"强调持续增加"三农"投入,推动资源要素向农村配置并推进城镇化发展的制度创新;2011 年"一号文件"全盘部署了农村水利工作,着力改善水利建设明显滞后的局面;2012 年"一号文件"强调农业科学、技术和创新持续增强农产品供给保障能力;2013 年"一号文件"强调加大农村改革力度、政策扶持力度、科技驱动力度,构建新型农业经营体系;2014 年、2015 年"一号文件"对国民经济发展新常态时期全面深化农村改革、加大创新力度提出了若干意见;2016 年"一号文件"强调用发展新理念破解"三农"新难题,并首次提出农业供给侧结构性改革;2017 年"一号文件"进一步强化了深入推进农业供给侧结构性改革作为"三农"工作主线的重要地位。

3. 全面振兴期(2018—2021 年)

2018 年"一号文件"正式提出实施乡村振兴战略,确立起了乡村振兴战略的

---

① 原正军,冯开文."中央一号文件"涉农政策的演变与创新[J].西安交通大学学报(社会科学版),2013,33(2):58-62.

"四梁八柱",对统筹推进农村经济、政治、文化、社会、生态文明和党的建设作出了顶层设计,并对战略实施的阶段性目标任务作出了全面部署;2019年"一号文件"则聚焦脱贫攻坚,夯实农业基础,加快补齐农村人居环境和公共服务短板;2020年"一号文件"重点部署了完成脱贫攻坚、补齐农村短板、加强农村基层治理等"三农"领域重点工作,全力确保小康社会建设目标的全面实现;2021年"一号文件"要求巩固拓展脱贫攻坚同乡村振兴有效衔接,加快推进农业农村现代化,并全面启动乡村建设行动(表2-1)。

表2-1　1982年以来聚焦"三农"的中央"一号文件"一览表

年份	文件名称	文件主题
1982	中共中央批转《全国农村工作会议纪要》	承认包产到户合法
1983	中共中央关于印发《当前农村经济政策的若干问题》的通知	放活农村工商业
1984	关于一九八四年农村工作的通知	发展农村商品生产
1985	关于进一步活跃农村经济的十项政策	取消统购统销
1986	关于一九八六年农村工作的部署	调整工农城乡关系
2004	中共中央、国务院关于促进农民增加收入若干政策的意见	促进农民增加收入
2005	中共中央、国务院关于进一步加强农村工作提高农业综合生产能力若干政策的意见	提高农业生产能力
2006	中共中央、国务院关于推进社会主义新农村建设的若干意见	社会主义新农村建设
2007	中共中央、国务院关于积极发展现代农业扎实推进社会主义新农村建设的若干意见	积极发展现代农业
2008	中共中央、国务院关于切实加强农业基础建设进一步促进农业发展农民增收的若干意见	加强农业基础建设
2009	中共中央、国务院关于2009年促进农业稳定发展农民持续增收的若干意见	促进农业稳定发展
2010	中共中央、国务院关于加大统筹城乡发展力度进一步夯实农业农村发展基础的若干意见	统筹城乡发展
2011	中共中央、国务院关于加快水利改革发展的决定	加快水利改革
2012	中共中央、国务院关于加快推进农业科技创新持续增强农产品供给保障能力的若干意见	农业科技创新
2013	中共中央、国务院关于加快发展现代农业,进一步增强农村发展活力的若干意见	增强农村发展活力
2014	中共中央、国务院关于全面深化农村改革加快推进农业现代化的若干意见	全面深化农村改革
2015	中共中央、国务院关于加大改革创新力度加快农业现代化建设的若干意见	经济发展新常态
2016	中共中央、国务院关于落实发展新理念加快农业现代化实现全面小康目标的若干意见	创新发展理念

（续表）

年份	文件名称	文件主题
2017	中共中央、国务院关于深入推进农业供给侧结构性改革加快培育农业农村发展新动能的若干意见	农业供给侧改革
2018	中共中央、国务院关于实施乡村振兴战略的意见	乡村振兴战略
2019	中共中央、国务院关于坚持农业农村优先发展做好"三农"工作的若干意见	补齐发展短板
2020	中共中央、国务院关于抓好"三农"领域重点工作确保如期实现全面小康的意见	全面实现小康
2021	中共中央、国务院关于全面推进乡村振兴加快农业农村现代化的意见	全面推进乡村振兴

2.1.2　乡村人居环境政策演进

通过梳理 2004 年以来中央"一号文件"中关于基础设施建设、环境卫生治理、公共服务提升和规划建设管控等乡村人居环境工作核心范畴的政策要点，可以看出，我国乡村人居环境提升工作在"三农"政策顶层设计中始终处于极其重要的基础性地位，政策关注保持连续、政策对象逐步扩展、政策覆盖趋于全面。分阶段、有重点地开展专项行动成为我国乡村人居环境提升工作的主要推进形式（表 2-2）。

表 2-2　2004 年以来"一号文件"的乡村人居环境政策要点一览表

政策领域	政策要点	年份																	
		2004	2005	2006	2007	2008	2009	2010	2011	2012	2013	2014	2015	2016	2017	2018	2019	2020	2021
乡村基础设施建设	乡村饮水安全	■	■	■	■	■					■	■	■	■	■	■	■	■	■
	乡村公路建设	■	■	■	■			■			■		■		■			■	
	乡村电网建设	■	■	■							■	■	■	■	■	■	■	■	■
	乡村流通体系	■	■	■			■			■	■		■		■				
	乡村信息建设				■						■		■		■				
	乡村公交建设					■	■				■		■						■
	乡村集中供气						■									■			■

（续表）

政策领域	政策要点	年 份																	
		2004	2005	2006	2007	2008	2009	2010	2011	2012	2013	2014	2015	2016	2017	2018	2019	2020	2021
乡村环境卫生治理	乡村清洁能源	■	■		■	■	■	■		■	■		■	■	■				■
	面源污染防治					■		■	■	■	■	■	■	■	■	■	■		■
	乡村污水处理						■			■	■		■	■	■			■	■
	乡村垃圾处理						■			■	■		■		■			■	■
	乡村水源保护										■	■				■		■	■
	乡村厕所改造	■											■	■	■				
	乡村水体整治										■		■	■				■	■
	废弃物资源化													■		■		■	■
乡村公共服务提升	乡村义务教育			■	■	■	■	■			■	■		■	■	■	■	■	■
	乡村医疗服务			■	■	■	■	■			■	■		■	■	■	■	■	■
	乡村养老服务										■	■		■	■	■	■	■	■
乡村公共服务提升	乡村文体服务			■	■	■	■	■			■	■		■	■	■	■	■	■
	乡村社会保障			■	■	■	■	■			■	■		■	■	■	■	■	■
	农业技能服务			■	■	■	■	■		■	■	■		■	■	■	■	■	■
乡村规划建设管控	村庄规划管控			■	■			■			■	■	■	■	■	■			■
	乡村危房改造			■				■			■	■	■	■	■				■
	风貌特色保留			■								■		■	■				■
	历史文化保护			■							■	■		■	■				■
	乡村住房建设							■			■	■		■	■				■

注：不同颜色色块代表历年"一号文件"涉及的乡村基础设施建设、乡村环境卫生治理、乡村公共服务提升、乡村规划建设管控等乡村人居环境政策内容。

1. 乡村基础设施建设

饮水安全是首要的乡村民生问题。国家通过加大投资力度、拓展建设范围、提升建设标准和推进城乡供水管网联通等措施逐步提高自来水普及率，始终紧抓农村饮用水源地的保护工作，并从 2018 年起开展了乡村地区的饮用水安全巩固工程，2020 年起开始推进人口相对密集地区的规模化供水工程，在兜住农村饮水安全底线的基础上，大力提升农村供水保障水平。

公路是乡村地区发展的基础条件。自 2004 年以"六小工程"之一提出后，国家不断加大乡村公路建设投资力度，并及时开展乡村公路管理养护工作，建设重心逐步向贫困地区倾斜。2008 年起开始大力发展乡村公共交通，积极推进城乡交通运输一体化；2014 年起将路网建设重点延伸至村庄内部，开始实施村内道路硬化工程；2018 年起全面实施"四好农村路"建设，并有序推进人口较大的自然村硬化路建设，农村公路条例立法进程进一步加快；2021 年起全国实施农村道路畅通工程，全面加强农村资源路、产业路、旅游路的建设。

电网作为乡村地区"六小工程"之一，同样经历了普及建设、改造升级和城乡互联三个阶段。经过初期的投资建设，2007 年国家开展了新农村电气化"百千万"工程，开始实施乡村电网升级改造；2009 年起启动乡村水电建设；2016 年开展了乡村"低压电"综合治理；2019 年全面实施乡村电气化提升工程；2020 年实施抵边村寨电网升级改造攻坚计划，全面实现乡村电网覆盖和升级。

信息设施是提升乡村生产生活水平、实施数字化乡村战略的重要建设内容。2006 年起国家要求积极推进农业信息化建设；2008 年开始推进"金农"、"三电合一"、农村信息化示范和农村商务信息服务等工程建设；2018 年提出实施数字乡村战略，并要求加快农村地区宽带网络和第四代移动通信网络覆盖；2021 年明确要求农村千兆光网、5G、移动物联网与城市同步规划建设，大力支持乡村信息通信基础设施建设。

2. 乡村环境卫生治理

生活污水和垃圾处理始终是乡村环境卫生工作的重点。2006 年国家提出"搞好农村污水、垃圾治理，改善农村环境卫生"以后，大力开展了乡村清洁工程；2015 年开展农村垃圾治理专项整治，并开始关注加强农村周边工业的城市生活垃圾堆放监管治理;2016 年起实施农村生活垃圾治理五年专项行动,并采取城镇管网延伸、集中处理和分散处理等多种方式,加快乡村生活污水治理和改厕;2017 年开始推进垃圾分类和资源化利用,选择适宜模式开展乡村生活污水治理,并开展了城乡垃圾乱排乱放集中排查整治行动;2020 年全面推进乡村生活垃圾就地分类、源头减量试点,梯次推进乡村生活污水治理。

面源污染与农民的生产方式紧密相关,我国先后开展了多轮专项行动,污染防治力度不断增强。2008 年起我国逐步加大了农业面源污染防治力度,2016 年全面实施化肥农药零增长行动,实施种养业废弃物资源化利用、无害化处理区域示范工程;2018 年将乡村面源污染防治的工作要求进行了细分部署,通过投入品减量化、生产清洁化、废弃物资源化、产业模式生态化开展农业绿色发展行动;2019 年开展了农业节肥节药行动,实现化肥农药使用量负增长;2021 年起在长江经济带、黄河流域开展农业面源污染综合治理示范县建设。

清洁能源的发展对改善乡村环境质量具有重要作用。2004 年我国将乡村沼气列为"六小工程"之一,并逐步推广普及;2010 年提出了推进大中型沼气的要求;2012 年加强乡村沼气工程和小水电代燃料生态保护工程建设;2015 年完善乡村沼气建管机制;2017 年实施乡村新能源行动,推进光伏发电,逐步扩大乡村电力、燃气和清洁型煤供给,进一步扩展清洁能源范畴;2018 年聚焦北方地区冬季取暖问题,有序推进煤改气、煤改电和新能源利用;2021 年提出实施清洁能源建设工程;2022 年强调发展农村光伏和生物质能等清洁能源。

厕所改造是补齐影响农民群众生活品质短板的重要民生工程之一。2004 年改水改厕列入重点推进的中小型设施范畴;2015 年起改厕工作进入提速攻坚阶段;2018 年强调坚持不懈推进"厕所革命",同步实施粪污治理,加快实现乡村无害化卫生厕所全覆盖;2021 年部署的农村人居环境整治提升五年行动中,再次强调分类有序推进"厕所革命",中西部地区农村户用厕所改造成为工作重点。

3. 乡村公共服务提升

基础教育方面主要聚焦乡村办学条件的提升,政策对象逐步向学前教育扩展。2006 年起着力改善乡村办学条件;2010 年从就学便利角度强调学校布局的合理性,并实施中小学校舍安全工程;2014 年着力改善乡村义务教育薄弱学校基本办学条件,并提出大力支持发展乡村学前教育;2015 年针对乡村学校迁并现象,提出要因地制宜保留并办好村小学和教学点,并支持乡村两级公办和普惠性民办幼儿园建设;2016 年重点改善贫困地区义务教育薄弱学校基本办学条件,强调办好乡村小规模学校,推进学校标准化建设;2018 年要求加强寄宿制学校建设;2019 年进一步提出了推动城乡义务教育一体化发展的工作要求;2021 年要求增加农村普惠性学前教育资源供给,保留并办好必要的乡村小规模学校,建设城乡学校共同体。

医疗卫生建设主要以体系性和标准化为目标。2006 年以乡镇卫生院建设为重点;2010 年开始推进乡村三级医疗卫生服务网的建设;2018 年推进健康乡村建设,在加强基层医疗卫生服务体系建设的同时支持乡镇卫生院和村卫生室改善条件;2019 年提出了标准化村卫生室的建设要求,提升基层医疗点建设水平;2021 年提出推进健康乡村行动,加强村卫生室标准化建设和县域紧密型医疗卫生共同体建设。

文化体育事业是促进乡村社会精神文明建设的重要工作之一。2006 年我国即提出了县文化馆、图书馆和乡镇文化站、村文化室三级文化设施体系建设要求;2008 年深入实施广播电视"村村通"、乡村电影放映、乡镇综合文化站和农民书屋工程,建设文化信息资源共享工程乡村基层服务点;2014 年提出了县乡公共文化体育设施和服务标准化建设要求;2016 年在乡村建设基层综合性文化服务中心,发挥基层文化公共设施整体效应;2017 年继续统筹实施重点文化惠民项目;2018 年明确提出了"有标准、有网络、有内容、有人才"的乡村公共文化服务体系建设目标;2020 年进一步要求扩大乡村文化惠民工程覆盖面,强化了乡村公共文化事业在乡村振兴战略中的重要地位。

4. 乡村规划建设管控

村庄规划作为乡村建设管控的法定依据,经历了从建设规划向"多规合一"的实用性规划转变的过程。2006 年起响应社会主义新农村建设的现实需求,国家开始推动村庄规划编制工作;2007 年为节约建设用地开展了村庄规划试点;2010 年强调了新农村建设规划的引导作用;2013 年随着农村土地确权登记颁证工作的全面展开,要求村庄规划强化建设强度管控;2015 年县域村镇体系规划和村庄规划开始同步推进;2016年为服务乡村建设规划许可管理,开始推进县域乡村建设规划,并在村庄规划中强调提升民居设计水平;2017年推动建筑设计下乡,开展田园建筑示范;2018年把加强规划管理提升为乡村振兴的基础性工作,着力开展了村庄布局规划和"多规合一"的实用性村庄规划,并加强农房许可管理;2021年要求加快推进"多规合一"实用性村庄规划编制工作,并严格规范村庄撤并。

危房改造于2006年古村落和古民宅保护工作中开始推进;2010年国家正式提出加快推进乡村危房改造和国有林区(场)、垦区棚户区改造,并实施游牧民定居工程;2013年增设了以船为家渔民上岸安居工程;2015年开始重视统筹农房抗震改造工作;2016年聚焦通过多种方式解决乡村困难家庭的住房安全问题;2017年将重点放在完善乡村危房改造政策上;2018年逐步建立乡村低收入群体安全住房保障机制;2019年继续推进乡村危房改造攻坚行动。

风貌特色和历史文化保护工作是美丽乡村建设的核心工作内容。2006年社会主义新农村建设中就明确提出了对改善村容村貌,突出乡村特色、地方特色和民族特色,保护有历史文化价值的古村落和古民宅的工作要求;2013年要求启动专项工程,加大力度保护有历史文化价值和民族、地域元素的传统村落和民居;2015年完善传统村落名录和开展传统民居调查,落实传统村落和民居保护规划,开展美丽乡村创建示范;2016年继续加大传统村落、民居和历史文化名村名镇保护力度,并鼓励各地因地制宜探索各具特色的美丽宜居乡村建设模式;2017年结合乡村旅游业的蓬勃发展,提出维护少数民族特色村寨整体风貌;2018年开展田园建筑示范,培养乡村传统建筑名匠,全面保护古树名木,持续推进宜居宜业的美丽乡村建设。

2.2　黄河下游乡村人居环境的政策演进

2004年至今,我国乡村发展经历了社会主义新农村、城乡统筹、乡村振兴和城乡融合等阶段,以"一号文件"为代表的"三农"政策保持着较高的连续性,也是我国乡村人居环境工作的集中期。纵览该时段山东、河南两省的省级代表性政策文件,可较为清晰地总结出黄河下游乡村人居环境的政策演进特征(表2-3)。

表 2-3　2004 年以来山东省、河南省乡村人居环境相关政策一览表

省份	年份	文件名称
山东省	2005	关于实施全省农村村通自来水工程的意见
	2006	进一步落实科学发展观加强环境保护的实施意见
		关于贯彻《中共中央、国务院关于推进社会主义新农村建设的若干意见》的实施意见
		山东省建设社会主义新农村总体规划(2006—2020 年)
	2007	关于贯彻中发〔2007〕1 号文件精神积极发展现代农业扎实推进社会主义新农村建设的实施意见
	2008	关于贯彻国办发〔2007〕71 号文件严格执行农村集体建设用地法律和政策的通知
		山东省农村公路条例
	2009	关于推进农村住房建设与危房改造的意见
		山东省农村公共供水管理办法
		关于统筹城乡发展加快城乡一体化进程的意见
	2010	关于加强土地综合整治推进城乡统筹发展的意见
	2011	关于在山东省农村实施"乡村文明行动"的意见
		关于加强生态文明乡村建设的意见
	2012	关于继续推进农村住房建设与危房改造的意见
	2013	关于加强农村新型社区建设推进城镇化进程的意见
	2014	山东省农村新型社区和新农村发展规划(2014—2030 年)
		山东省新型城镇化规划(2014—2020 年)
		关于加强村镇污水垃圾处理设施建设的意见
		关于推进山东标准建设的意见
	2015	生态文明乡村(美丽乡村)建设规范
		关于深入推进农村社区建设的实施意见
		山东省实施《村庄和集镇规划建设管理条例》办法
		关于贯彻国办发〔2014〕25 号文件改善农村人居环境的实施意见
		关于《山东省改善农村人居环境规划(2015—2020 年)》的批复
	2016	山东省 2016 年农村危房改造工作实施方案
		关于推进农村地区供暖工作的实施意见
		关于深入推进农村改厕工作的实施意见
		山东省村庄规划编制技术导则
		关于推进美丽乡村标准化建设的意见
		山东省创建特色小镇实施方案
	2017	关于开展 2016 年县(市)域乡村建设规划和村庄规划试点工作的通知
		山东省 2017 年农村危房改造工作实施方案

（续表）

省份	年份	文件名称
山东省	2017	关于进一步推进涉农资金统筹整合的意见
		山东省 2017 年农村危房改造工作实施方案
		山东省乡村建设规划许可管理办法
		山东省省级美丽乡村示范村建设奖补资金管理办法
		山东省黄河滩区居民迁建规划重点任务分工方案
	2018	关于贯彻落实中央决策部署实施乡村振兴战略的意见
		山东省乡村振兴战略规划（2018—2022 年）和五个工作方案
		山东省 2018 年农村危房改造工作实施方案
		关于打赢脱贫攻坚战三年行动的实施意见
		关于进一步推进农村闲散土地盘活利用的通知
		山东省美丽村居建设"四一三"行动推进方案
		《山东省村庄设计导则》（JD14—044—2018）、《山东省美丽村居建设导则》（JD14—045—2018）、《山东省乡村风貌规划指引》
		加快推进新型城镇化建设行动实施方案（2018—2020 年）
		关于开展农村宅基地"三权分置"试点促进乡村振兴的实施意见
		关于印发乡村振兴"十百千"工程示范创建名单的通知
		山东省农村人居环境整治三年行动实施方案
		田园社区建设规范总则、田园社区建设规范、田园社区建设规范编制指南、乡村创业创新服务平台建设规范
	2019	山东省 2019 年农村危房改造工作实施方案
		关于学习浙江"千万工程"经验 深入实施"四五乡村建设行动计划"的意见
		山东省乡村振兴重大专项资金管理暂行办法
		关于加快推进生态文明建设的实施方案
		山东省村庄规划编制导则（试行）
	2020	关于开展村庄景区化建设工作的指导意见
		关于实施村庄规划精品工程的通知
		山东省城乡融合发展试验区创建方案
		山东省保障农村村民住宅建设用地实施细则
	2021	山东省乡村振兴促进条例
		山东省新型城镇化规划（2021—2035 年）
		山东省农村人居环境整治提升五年行动实施方案（2021—2025 年）
		履行自然资源"两统一"职责 服务保障高质量发展政策清单（乡村振兴类）
		加快农村寄递物流体系建设的实施方案

（续表）

省份	年份	文件名称
山东省	2021	山东省农村综合改革发展资金管理办法
		全省"四好农村路"提质增效专项行动方案
		山东省扎实推进"十四五"农村厕所革命的实施方案
河南省	2004	河南省农村消防工作规定
	2005	关于进一步加强农村公路建设的意见
	2006	2006 年河南省农村饮水安全工作实施方案
		关于推进社会主义新农村建设的实施意见
		河南省 2006—2020 年建设社会主义新农村规划纲要
		河南省文化厅关于加强农村文化建设的实施意见
		河南省社会主义新农村村庄规划建设导则
	2007	关于推进农村民居地震安全工程的实施意见
	2008	加强农村基础设施建设搞好村容村貌整治推进新农村建设实施意见
		河南省村庄环境整治分类指导标准（试行）
	2009	关于加强农村生活垃圾收集处理工作的意见
		关于推进农村社区建设的意见
	2010	河南省农村公路条例
		河南省村庄和集镇规划建设管理条例
		河南省人民政府关于加强农村环境保护工作的意见
		河南省重大公共卫生服务农村改水改厕项目实施方案
	2011	河南省农村村民住宅建设管理办法
		河南省农村环境连片综合整治实施方案
		关于加强农村社区服务中心（站）建设的指导意见
	2012	河南省新型农村社区规划建设标准
	2014	关于改善农村人居环境的指导意见
		河南省改善农村人居环境长效保障机制工作实施方案
		关于实施农村公路三年行动计划乡村通畅工程加快农村公路发展的意见
	2015	河南省农村住宅建设的实施意见
		关于进一步规范农村村民住宅建设的指导意见
		河南省改善农村人居环境五年行动计划（2016—2020 年）
	2016	河南省农村环境综合整治工作实施方案（2017—2019 年）
		河南省新农村建设村庄整治技术指南（图解）
		关于打赢脱贫攻坚战的实施意见
	2017	河南省美丽乡村建设示范县试点实施方案
		关于全面推进农村垃圾治理的实施意见

(续表)

省份	年份	文件名称
河南省	2017	河南省黄河滩区居民迁建规划
		河南省"美丽农村路"创建活动方案
		河南省财政厅开展田园综合体建设试点工作实施方案
	2018	关于推进乡村振兴战略的实施意见
		河南省乡村振兴战略规划(2018—2022年)
		河南省农村人居环境整治三年行动实施方案
		关于加快推进"四好农村路"建设的实施意见
		2018年河南省重点民生实事之农村垃圾治理工作方案
	2019	关于进一步加快农村户用厕所改造工作的意见
		河南省村庄规划导则(试行)
		河南省"乡村规划千村试点"工作启动
		河南省农村公路"百县通村入组"工程实施方案
		河南省农业农村污染治理攻坚战实施方案厅内任务分工方案
河南省	2020	关于抓好"三农"领域重点工作确保如期实现全面小康的实施意见
		2020年河南省黄河流域生态保护和高质量发展工作要点
		河南省传统村落保护发展三年行动方案(2020—2022年)
		关于推进农村生活污水治理的实施意见
	2021	河南省乡村振兴五年行动计划
		河南省新型城镇化规划(2021—2035年)
		河南省"十四五"乡村振兴和农业农村现代化规划
		河南省"十四五"城市更新和城乡人居环境建设规划
		河南省农村宅基地和村民自建住房管理办法(试行)
		关于加快推动"四好农村路"高质量发展的实施意见
		关于印发河南省乡村建设行动实施方案
		河南省农村自建住房规划和用地管理办法(试行)
		河南省农村集体建设用地房屋建筑管理办法(试行)

2.2.1 从专项工作推进到合力统筹攻坚

从历年"三农"主题的"一号文件"中不难看出,我国长期以来一直关注乡村基础设施的改造提升工作。2005—2013年间,山东、河南两省根据相关部委的工作安排,着重开展了乡村公路、乡村供水、乡村垃圾处理和乡村住房建设与危房改造等人居环境专项提升工作,并相应制定了专项政策文件。2014 年出台的《国务院办公厅关于改善农村人居环境的指导意见》是我国首个在国家层面颁布的针对乡村人居环境工作的政策纲领。其中设定的 2020 年目标也与之前开展的专项工作对象基本一致,即实现"全国农村居民住房、饮水和出行等基本生活条件明显改善,人居环境基本实现干净、整洁、便捷"。两省随后先后印发了《山东省改善农村人居环境规划(2015—2020 年)》和《河南省改善农村人居环境五年行动计划(2016—2020 年)》,首次对各专项乡村人居环境工作做出了统筹安排。

2018 年 2 月,为实施乡村振兴战略、全面建成小康社会,中共中央办公厅、国务院办公厅印发了《农村人居环境整治三年行动方案》,同年山东和河南印发了本省的行动实施方案。两省的实施方案进一步明确了该阶段乡村人居环境整治的指导思想、基本原则、行动目标、重点任务、政策支持、保障措施、考核制度等,并对乡村垃圾综合治理、乡村"厕所革命"、乡村生活污水治理、村容村貌改善四大领域及其细分的专项内容进行了统筹安排和部署,同时强化了省直相关部门的协同机制。两省将乡村人居环境整治工作及时纳入了乡村振兴战略规划、新型城镇化规划以及黄河流域生态保护和高质量发展规划,在省级层面做到了政策衔接和统一,有力推动了乡村人居环境各类专项工作的整合与协同。

此外,山东和河南两省贯彻国家整合和统筹使用涉农资金的工作要求,在省级层面将涉农资金全面归并整合,以解决长期以来涉农资金名目数量多、分配管理限制多,普遍存在的多头管理、交叉重复、使用分散等问题,为乡村人居环境综合整治提供了有力的资金保障。

2.2.2　从试点示范带动到全域推广覆盖

纵观山东、河南两省的乡村人居环境政策演变历程,可以发现典型的"政策试点—经验推广"的政策实施路径特征。自改革开放以来,在我国一系列关键性政策的施行过程中,进行政策试验基本已成为必经阶段[①],先"试点"后"推广"被

---

① 周望. 政策扩散理论与中国"政策试验"研究:启示与调试[J]. 四川行政学院学报,2012(4):43-46.

认为是一种具有中国特色的政策扩散形式①。由于我国乡村类型丰富、地域差异巨大、发展水平参差,乡村人居环境整治政策的制定难以在顶层设计阶段做到因地制宜、精准施策,政策试点作为一种渐进式的政策实施模式在乡村人居环境工作中具有重要意义。

山东、河南两省积极贯彻国家宏观政策要求,在乡村人居环境工作中进一步明确本省工作目标和重点任务,通过明确试点选择、建设、验收要求和扶持条件,总结可推广、可复制的政策经验和先进做法,并在后续政策中予以推广扩散。山东、河南两省结合不同时期乡村人居环境领域的工作重点,相继开展了"百镇千村"建设示范、危房改造试点、生态文明村庄试点、绿色村庄试点、供暖试点、改厕试点、生活垃圾分类试点、生活污水治理示范、人居环境整治典型示范、农村集体产权制度改革试点、美丽乡村试点、特色小镇试点、"四好农村路"示范、乡村振兴连片示范、乡村建设规划和村庄规划试点、田园综合体试点、村庄规划精品工程、"十百千"工程、美丽村居省级试点、城乡融合发展省级实验区等试点创建工作。

两省的试点方式通常分为省内限定地市试点名额、内部筛选和地市自由申报、省级审核两种。在完成国家级和省级试点创建工作后,接续开展了市(县)级试点选择和建设工作,充分保证了相关政策的延续性,并利于在某一地区形成政策试点规模效应,促进以点带面的政策效应发挥。以山东省美丽村居建设工作为例,2018 年山东省人民政府办公厅印发了《山东省美丽村居建设"四一三"行动推进方案》,明确提出了"集中打造四大风貌区,布局建设 10 条风貌带,培育 300个美丽村居建设省级试点"的建设目标。于 2018 年在全省选择 50 个村庄(台)作为先行试点,探索建立美丽村居建设工作机制、技术标准和支持政策,2019—2020 年分别选择 100 个、150 个村庄(台)开展省级试点,并要求各市、各县(市、区)结合实际开展后续试点,放大试点示范效应,逐步形成"四一三"整体格局。同时,山东省及时开展美丽村居以点带面的政策路径研究,梳理试点经验并形成延续性政策予以执行。

---

① 韩博天. 通过试验制定政策:中国独具特色的经验[J]. 当代中国史研究,2010(3):103-112.

2.2.3　从政策文件引领到标准体系建构

乡村人居环境工作涉及的村庄类型多样、行业领域广泛,因此具有较强的地域性和技术性特征。早期山东、河南两省的乡村人居环境政策虽然在贯彻落实中央、各部门的政策要求的基础上,提出了本省相对明确的政策目标和工作重点,但在具体实施中多依据国家相关行业的技术标准,缺少符合省情的地方标准支撑。技术标准在提升政府治理能力、规范社会管理与服务、推动科技创新、加快转型升级、促进节能环保、保证质量安全等方面发挥着重要的指引作用,其重要性逐步被两省政府重视。在后续乡村人居环境政策制定和实施的过程中,两省逐步加强了相关的技术标准体系建设,有效规范了各项建设活动,保障了政策施行的效果。

山东、河南两省在推进各项乡村人居环境建设工作的进程中,印发了农村公路、农村供水、危房改造(抗震加固)、污水处理、环境整治等行业技术标准。2014年山东省出台了《关于推进"山东标准"建设的意见》,大力推进以"山东标准"为核心内容的标准化建设,全面提高标准应用和实施水平。2018年山东省在全国率先发布了田园综合体建设标准体系,主要包括《田园社区建设规范总则》《田园社区建设规范》《田园社区建设规范编制指南》《乡村创业创新服务平台建设规范》等四项标准。该系列标准综合提炼了省内田园综合体建设的典型做法,并充分借鉴浙江、江苏等省的有效经验,明确了田园综合体建设六大基本要素的相关规划建设标准,对田园综合体建设作了系统全面的规范。同年,山东省开始推进美丽村居"四一三"行动,并相继推出了《山东省村庄设计导则》《山东省美丽村居建设导则》《山东省乡村风貌规划指引》,做到了政策与标准的高度同步。

此外,两省已基本建立起了完整的技术标准制定、实施、推广、统计、评估、分析报告制度,并通过多部门合作、多专业交叉的工作形式,逐步形成了强制性标准与推荐性标准相协调、政府标准与社会组织标准相结合、地方标准与国家标准相衔接、具有地域省情特色的乡村人居环境建设标准体系,有力地支撑了两省乡村人居环境建设工作的持续推进。

第3章　黄河下游乡村人居环境的总体特征

3.1　生态环境

3.1.1　水文特征

1. 地上悬河

　　黄河携带的黄土高原的大量泥沙持续淤积,将下游河道抬高,使其高悬于两岸黄泛平原之上,成为举世闻名的"地上悬河"。黄河河南开封段是我国最高的地上悬河,河面宽 8 千米,堤高约 15 米;在柳园口附近的黄河滩面平均高出开封地面 7～8 米,最高处甚至达到 10 米以上(图 3-1)。这种"地上悬河"的形式,使黄河大堤每有溃决必生水灾。据统计,有文献记载的黄河下游决口泛滥至今共计 1 500 余次,较大的改道也有 20 多次。

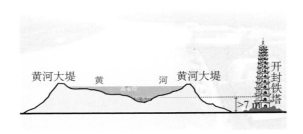

图 3-1　河南开封"地上悬河"示意

2. 断流频发

　　黄河自然断流始于 1972 年,主要发生在下游的山东河段。1987 年后几乎连年出现断流,断流范围不断扩大,断流频次、历时不断增加。20 世纪 90 年代以前的断流一般出现在河口地区,1990 年以后上延到济南附近,1997 年上延至河南开封以上,断流河段长度超过 700 千米,占黄河下游河段全长的 90% 以上[①]。

———————————

① 钱乐祥,王万同,李爽.黄河"地上悬河"问题研究回顾[J].人民黄河,2005(5):1-6.

当代黄河断流主要发生在降雨径流量短缺的年份和黄河水资源利用率超过50％时,即在枯水季用水高峰时出现①。山东、河南两省 2018 年实际耕地灌溉面积分别为 4 805.4 千公顷和 4 549.1 千公顷,均远超 1 889.5 千公顷的全国平均值[图 3-2(a)];而节水灌溉面积占实际耕地灌溉面积的比例仅分别为 44.43％和 24.63％,河南省甚至低于全国平均值 31.54％[图 3-2(b)],这进一步加剧了黄河下游断流的风险和河道的不稳定性。

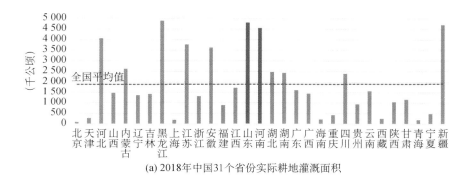

(a) 2018年中国31个省份实际耕地灌溉面积

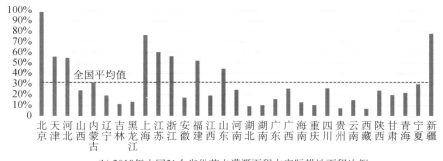

(b) 2018年中国31个省份节水灌溉面积占实际耕地面积比例

图 3-2　2018 年中国 31 个省份耕地灌溉情况
资料来源:《中国农村统计年鉴(2019)》。

黄河断流对下游地区的工农业生产、人民生活和生态环境造成了重大影响,断流导致干旱受灾面积加大、农业歉收甚至绝收;下游沿黄地区人畜饮水困难,山东省东营、滨州、德州等城市经常由于供水不足采取限时限量供水措施②。

① 陈静生,何大伟,袁丽华. 黄河"断流"对该河段河水中主要离子化学特征的影响[J]. 环境化学,2001(3):205-211.
② 尚永立,尚华岚,任全文,等. 论黄河断流的危害及对策[J]. 城市建设理论研究(电子版),2015(25):1035-1036.

黄河断流导致下游河道抬高,从而可能引发洪涝灾害,严重威胁下游沿黄地区人居环境和生态环境安全。近年来,开封等地开展了黄河大堤沿线违建清退和黄河生态廊道建设工作,加之上游水土流失治理成效显著,下游"地上悬河"抬高趋势得到有效抑制,河道断流状况明显改善。

3. 支流稀少

1) 主要支流

由于黄河下游河道多为地上河,两岸汇入支流很少,流域面积大于 1 000.0 平方千米的支流仅有天然文岩渠、金堤河和大汶河三条[①]。天然文岩渠是新乡市东部原阳、延津、封丘、长垣四县(市)的骨干防洪排涝河道,干流长 160.0 千米;金堤河发源于新乡县境,经河南、山东两省至台前县张庄附近穿临黄堤入黄河,滑县以下干流长 158.6 千米;大汶河发源于山东旋崮山北麓沂源县境内,由东向西汇注东平湖,出陈山口后入黄河,干流长 239.0 千米。

2) 引黄干渠

引黄干渠是沿黄地区的生命线,不仅为相应灌区提供农业灌溉水源,还同时为其服务区域提供居民生活用水、工业生产用水和生态环境用水[②]。引黄干渠大多建设年代较早、建设标准较低、建筑设备老化损毁较为严重,且多为土质渠道,缺乏有效防渗措施,水资源浪费严重。此外,上中游渠床淤积严重、输水能力下降,导致下游渠道内杂草丛生、水流受阻,以致灌溉高峰期渠道中黄河水量稀少。不合理用水、淤积断流、旱涝灾害等因素相互作用,为黄河下游地区发展带来了较大隐患。近年来,黄河下游地区利用节水、高效、生态的水利工程技术开展了大规模的新型引黄灌区建设,并通过生态化改造将沉沙池区建设为湿地公园,引黄灌区灌溉效率和自然灾害抵御能力显著提升,乡村生产、生活和生态环境明显改善。

3.1.2 地形地貌

黄河下游的山东、河南两省基本位于中国地势的第三级阶梯上,其中豫西和

---

① 李国刚. 1950 年以来年黄河下游逐日水沙过程变化及其影响因素分析[D]. 青岛:中国海洋大学,2008.
② 肖秋英. 大中型引黄干渠现状问题及治理建议[J]. 中国高新技术企业,2010(13):103-104.

鲁中南地区山地丘陵集中分布,近海地区缓丘起伏,豫南地区形成盆地,而黄泛平原和黄河入海口地势则较为平坦(图 3-3)。

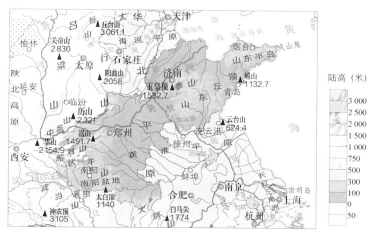

图 3-3　黄河下游山东、河南两省地势图
资料来源:《中国自然地理图集》(第三版)。

黄河流域地质环境整体较为脆弱,上中游环境地质问题主要表现为土壤侵蚀、土地沙化、湿地退化及草地退化等[1];下游两省面临的环境地质问题主要为上中游泥沙冲击、沉积带来的土质环境改变,以及地下水环境引发的地面沉降、地裂缝、砂土液化等地质灾害。

3.1.3　气候条件

山东全省及河南省中北部属于温带季风气候,河南省南部属亚热带季风气候。两省大部分地区热量资源充足,农作物多为两年三熟甚至一年两熟制,良好的气温条件有利于农业经济的发展。

黄河下游地区春秋两季降水量较少,年降水量 600 毫米以上,多出现在夏季,这种降水集中于生长季节的现象对农业生产较为有利。但由于春季降水不足且变率很大,春旱频率颇高,对小麦生长产生了较大威胁;春季气温升高迅速,

① 石建省,张发旺,秦毅苏,等.黄河流域地下水资源、主要环境地质问题及对策建议[J].地球学报,2000,21(2):144-120.

风力强烈、相对湿度较低等加剧了春旱的严重性,从而容易导致农业歉收。另外,夏季多暴雨,土壤冲刷强烈,洪水来去迅速,对该地区水土保持带来不利影响①。

3.1.4　自然资源

1. 能源与矿产资源

黄河流域上游地区的水能资源、中游地区的煤炭资源、下游地区的石油和天然气资源十分丰富,被誉为中国的"能源流域"②。其中,下游黄河三角洲地区的胜利油田石油资源优势突出,截至 2018 年年底,累计生产原油 11.99 亿吨,约占同期全国原油产量的五分之一,是中国的第二大油田。

2. 渔业资源

黄河下游的渔业资源曾因过度开发受到破坏,种群数量减少、生物多样性降低。近年来,黄河下游地区不断加大渔业资源保护力度,通过实施黄河禁渔期制度,在鱼类繁殖或越冬季节严格禁止一切鱼类捕捞作业行为,渔业资源总量得到稳步回升,河口性和半咸水等鱼类种群多样性逐步恢复。

3.1.5　环境污染

黄河泥沙含有大量有机物、重金属等,随水流迁移进入支流、引黄干渠、湖泊水库后,极易造成下游地区水体污染。此外,山东、河南两省作为粮食主产区,农药化肥和农膜使用量较大,成为下游乡村地区的主要污染源。

1. 农药化肥污染

2018 年河南、山东两省的农用化肥施用量分别位居全国第一及第二位[图

---

① 任美锷. 中国自然地理纲要[M]. 北京:商务印书馆,1985.
② 孙录勤,张勇林,杨莹. 新形势下如何发挥流域机构在构建和谐社会中的支撑和保障作用[J]. 水利发展研究,2008(2):49-54.

3-4(a)]，同时河南省氮肥、磷肥、复合肥等化肥的施用均居全国首位[图 3-4(b)]。两省农业生产对农药、化肥的依赖和撒施灌溉方式的粗放，造成了该地区耕地质量下降、水质恶化，不仅给农业生产带来巨大损失，而且造成乡村生态环境的严重破坏和污染[1]。

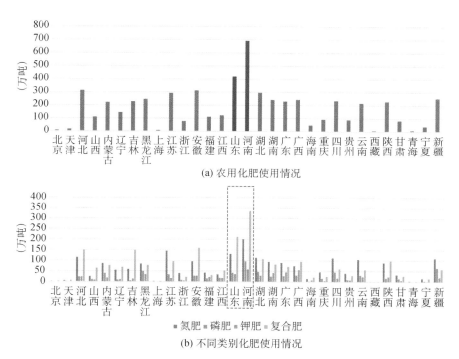

(a) 农用化肥使用情况

(b) 不同类别化肥使用情况

图 3-4　2018 年中国 31 个省份农用化肥使用情况和不同类别化肥使用情况
资料来源：《中国农村统计年鉴(2019)》。

2. 农膜污染

2018 年山东、河南两省农用塑料膜使用量分别为 276 935 吨和 152 838 吨，高于 79 510 吨的全国平均值，山东省则居全国之首(图 3-5)。由于清理回收十分困难，黄河下游地区土壤中塑料地膜的残留量逐年增加，给乡村生态环境和人体健康带来了较为严重的负面影响，也对农业可持续发展构成了较大威胁。

---

① 陈媛媛，王永生，易军，等. 黄河下游灌区河南段农业非点源污染现状及原因分析[J]. 中国农学通报，2011,27(17):265-272.

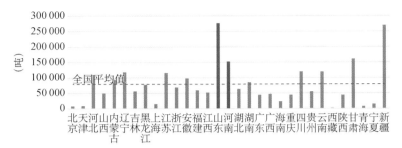

图 3-5 2018 年中国 31 个省份农用塑料膜使用情况
资料来源:《中国农村统计年鉴(2019)》。

3.2 经济环境

3.2.1 经济发展

1. 经济发展概况

从第一产业增加值占地区生产总值的比重来看,2018 年河南省为 8.9%,高于 8.7% 的全国平均值;山东省的比重为 6.5%,低于全国平均值。从镇区及农村社会消费品零售总额占比来看,山东、河南两省分别为 38.4% 和 42.8%,均高于 34% 的全国平均值(图 3-6)。2000 年以来,山东、河南两省第一产业生产总值在地区生产总值中的比重逐渐减小,说明两省第一产业在地区经济中的地位逐渐降低(图 3-7)。

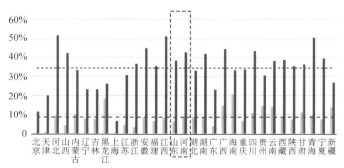

图 3-6 2018 年中国 31 个省份乡村经济发展情况
资料来源:《中国农村统计年鉴(2019)》。

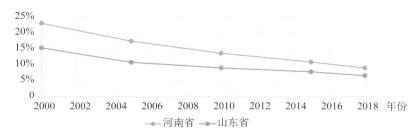

图 3-7　2000—2018 年黄河下游山东、河南两省第一产业生产总值占地区生产总值比重
资料来源：《中国农村统计年鉴(2019)》。

2. 农业发展水平

2018 年山东、河南两省的农、林、牧、渔总产值分别为 8 718.50 亿元和 7 293.10 亿元，分列全国第一位和第二位；其中两省农业总产值分别为 4 678.30 亿元和 4 973.70 亿元，同样位居全国前两位，农业发展优势地位十分突出(图 3-8)。

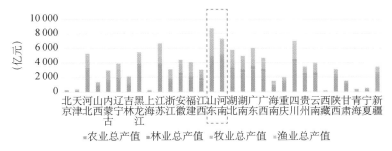

图 3-8　2018 年中国 31 个省份农、林、牧、渔产值
资料来源：《中国农村统计年鉴(2019)》。

山东、河南两省的农业种植作物类型基本一致，主要粮食作物为谷物、玉米和小麦，主要经济作物为蔬菜和油料。2018 年两省粮食总产量分别为 5 319.5 万吨和 6 648.9 万吨，位居全国第三位和第二位，均为我国重要的粮食生产基地(图 3-9)。

山东、河南两省的农业现代化发展水平较高。2018 年两省农业机械化水平(农业机械总动力/耕地面积)分别为 13.7 千瓦/公顷和 12.6 千瓦/公顷，位居全国第二位和第三位[图 3-10(a)]；单位耕地面积粮食产量分别为 7.0 吨/公顷和 8.2 吨/公顷，均高于 4.4 吨/公顷的全国平均值[图 3-10(b)]。

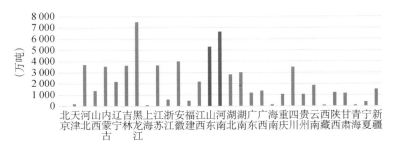

图 3-9　2018 年中国 31 个省份粮食总产量
资料来源:《中国农村统计年鉴(2019)》。

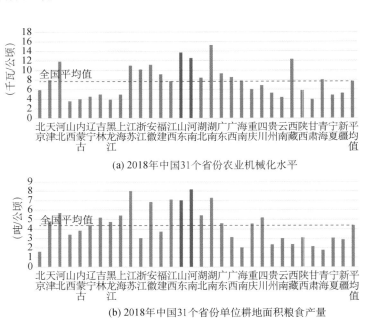

(a) 2018年中国31个省份农业机械化水平

(b) 2018年中国31个省份单位耕地面积粮食产量

图 3-10　2018 年中国 31 个省份农业机械化水平及单位耕地面积粮食产量
资料来源:《中国农村统计年鉴(2019)》。

3.2.2　农民生活水平

1. 农民收入水平

　　2018 年山东省农村居民人均可支配收入为 16 297 元,略高于 15 228 元的全国平均值;而河南省农村居民人均可支配收入为 13 831 元,尚低于全国平均值（图 3-11）。

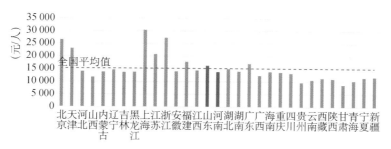

图 3-11　2018 年中国 31 个省份乡村居民收入情况
资料来源:《中国农村统计年鉴(2019)》。

2. 农民消费水平

2018 年山东、河南两省农村人均消费水平分别为 11 270 元和 10 392 元,尚低于 12 395 元的全国平均值(图 3-12)。从消费支出情况来看,山东省农村居民的食品和居住消费支出较多,其次是交通通信和医疗,衣着、生活用品及服务支出较少;河南省农村居民在食品和交通通信上的消费少于山东省,衣着和居住上略高于山东省,其他各类消费比重相当(图 3-13)。

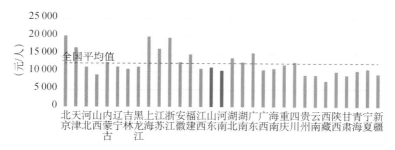

图 3-12　2018 年中国 31 个省份农村人均消费水平
资料来源:《中国农村统计年鉴(2019)》。

图 3-13　2018 年黄河下游山东、河南两省农村居民人均消费支出
资料来源:《山东统计年鉴(2019)》《河南调查年鉴(2019)》。

2018 年山东、河南两省农村社会消费品零售总额分别为 6 885.30 亿元和 3 965.70 亿元,均高于 1 732.51 亿元的全国平均值,其中山东省位居全国之首。但从人均社会消费品零售总额来看,山东省为 1.77 万元,退居全国第三位;河南省仅为 0.86 万元,尚低于 0.89 万元的全国平均值(图 3-14)。

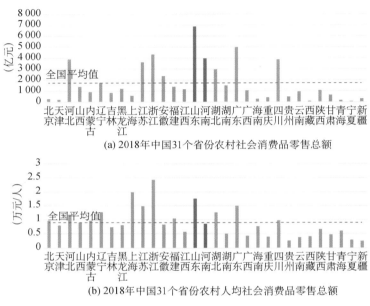

图 3-14　2018 年中国 31 个省份农村社会消费品零售总额
资料来源:《中国农村统计年鉴(2019)》。

3.3　社会环境

3.3.1　乡村人口

1. 人口规模

根据第七次人口普查公报,2020 年河南、山东两省乡村常住人口数量居全国前两位,占全国总量的 16.05%。其中,河南省乡村常住人口数量为 4 429 万人,占该省总人口的 44.57%,高于 36.27% 的全国平均水平;山东省乡村常住人口为 3 751 万人,占该省总人口的 36.95%,与全国平均水平持平(图 3-15)。

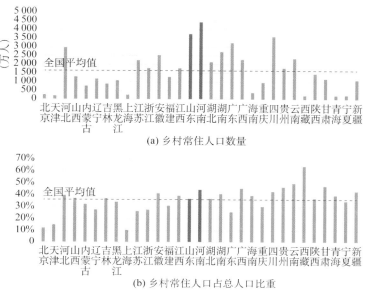

(a) 乡村常住人口数量

(b) 乡村常住人口占总人口比重

图 3-15　2020 年中国 31 个省份乡村常住人口数量及占总人口比重
资料来源：各省(区市)第七次人口普查公报。

从 2010—2018 年山东、河南两省乡村人口所占比重的历年变化可以看出，两省乡村人口均在不断减少，年均减少约 1.50 个百分点(图 3-16)。

注：由城镇人口(居住在城镇范围内的全部常住人口)所占比重推算
图 3-16　2010—2018 年黄河下游山东、河南两省乡村常住人口所占比重历年变化
资料来源：《中国统计年鉴(2019)》。

2. 人口结构

2018 年河南省乡村人口中 0—14 岁年龄阶段人口较多，占全省乡村总人口的 24.00%，从一定程度上反映出该省大量外出务工家庭的儿童留守现象较为突出。2018 年山东省 65 岁以上人口比例和老年抚养比分别为 19% 和 29%，均位居全国第三位，乡村人口老龄化形势较为严峻(图 3-17、图 3-18)。

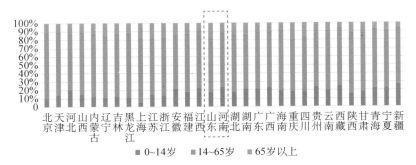

图 3-17　2018 年中国 31 个省份乡村人口年龄构成
资料来源:《中国人口和就业统计年鉴(2019)》。

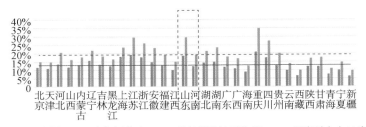

图 3-18　2018 年中国 31 个省份乡村老年人口比例及抚养情况
资料来源:《中国人口和就业统计年鉴(2019)》。

3. 人口流动

　　山东省是儒家文化的发祥地,受"父母在、不远游"的传统乡土观念影响,乡村人口就近、就地转移特征显著。从近年流动人口构成上看,山东省乡村地区完全脱离农业生产和乡村生活环境的流动人口开始不断增加,流动人口群体逐渐演变成夫妻二人同时外出务工或者携子女外出流动的形式,人口流动的"家庭化"趋势明显,流动动因由最初的看重经济收入转向注重家庭团聚、子女教育条件以及家庭生活质量的改善。

　　河南省作为全国人口流出大省之一,其家庭成员流出情况相对普遍,且各市相差不大,大部分市都保持着相当水平的家庭成员流出率,如安阳、焦作、洛阳、南阳、平顶山、信阳、周口、驻马店等市均有 60% 以上的家庭有成员流出。河南省人口流向较为分散,广东省为其第一去向,其次为以江苏省为代表的长三角地区,再次为京津地区。

1）空心化情况

通过净流出人口与户籍人口的比例来衡量乡村人口空心化程度。研究发现，山东省人口空心化程度整体低于河南省，其中人口空心化相对严重的乡村分布较为零散；而河南省人口空心化严重的乡村在西部山区和南部平原地区分布相对集中，其次是中部平原地区[图 3-19（a）]。

通过常年无人居住的住房数占总户数的比例来衡量乡村空间空心化程度。研究发现，山东省东部沿海地区和河南省南部、东部平原地区空间空心化程度较严重，沿黄县（市）乡村空间空心化程度相对较低[图 3-19（b）]。

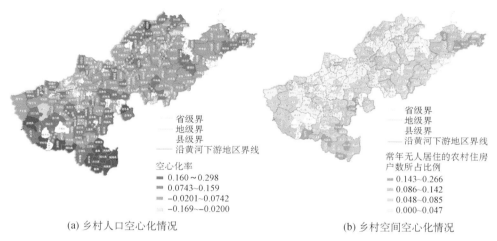

(a) 乡村人口空心化情况　　　　　　　　　(b) 乡村空间空心化情况

图 3-19　黄河下游山东、河南两省各县市区乡村空心化情况
资料来源：根据山东、河南两省天地图网站下载标准地图绘制（后同）。

2）劳动力从业情况

从 2017 年山东、河南两省的乡村劳动力从业情况构成来看，山东省乡村劳动力在本地从业的比例为 76.7%（包括本地务农、非农自营和非农务工）；河南省比例仅为 66.4%，人口外流比重较高。

从 2013—2017 年乡村劳动力从业构成变化上看，河南省本地务农的人口比重减少了 1.9 个百分点，本地非务农的人口比重增加了 2.7 个百分点，外出从业的人口比重增加了 2.4 个百分点[图 3-20（a）]，劳动力仍然保持着向外流动、向非农行业流动的趋势。山东省本地务农的人口比重减少了 7.7 个百分点，本地非务农的人口比重增加了 6.3 个百分点，外出从业的人口比重仅增加了 0.3 个

百分点,说明劳动力向非农行业流动的趋势较快,但多数为本地务农转为本地非
农就业,人口本地流动趋势明显[图 3-20(b)]。

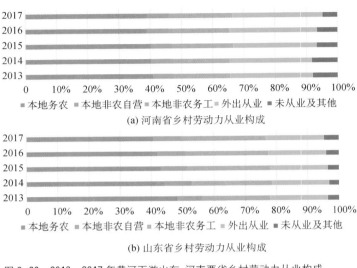

(a) 河南省乡村劳动力从业构成

(b) 山东省乡村劳动力从业构成

图 3-20　2013—2017 年黄河下游山东、河南两省乡村劳动力从业构成
资料来源:《河南调查年鉴(2018)》《山东统计年鉴(2018)》。

从乡村劳动力外出从业地区变化来看,2013—2017 年,河南省省内从业人数
超过 50%,先缓慢上升后缓慢下降;山东省省内从业人员比例超过 95%,虽然呈
逐年下降的趋势,但本地城镇化特征仍较为突出(图 3-21)。

图 3-21　2013—2017 年黄河下游山东、河南两省乡村劳动力本省从业比例变化
资料来源:《河南调查年鉴(2018)》《山东统计年鉴(2018)》。

3.3.2　乡土文化

1. 地域文化

山东省的地域文化表现为齐文化和鲁文化的交汇融合。春秋时期的鲁国诞

生了以孔子为代表的儒家思想,而滨海的齐国则以东夷文化为基础发展而来。鲁文化"尚伦理、重传统",齐文化"尚功利、求革新",讲究孝道、忠诚义气等成为山东人民的典型性格特征。

　　河南省的地域文化主要包含中原文化和楚文化。中原文化具有"兼容众善、合而成体"的特点①,是中华文化的重要源头和核心组成部分,在中国历史中长期居于正统主流地位。中原文化中的"大同、和合、礼义廉耻、仁爱忠信"等都成为了中华文化的核心价值观②。作为长江流域主流文化的楚文化并存于河南境内的淮河流域和南阳地区,与中原文化共同构成了河南省的地域文化底色。

2. 民间习俗

　　历史悠久的农耕文明塑造出了山东、河南两省乡村地区以自然崇拜、图腾崇拜、祖先崇拜为共性特征的民间信仰。除此之外,不同的地域环境和生产生活方式造就了两省丰富多彩的民间艺术形式,例如山东牛斗虎、山东梆子、高密茂腔、花鞭鼓舞、山东琴书,以及河南百佛顶灯、开封盘鼓、马街书会、濮阳杂技等。

3.3.3　公共服务

　　乡村公共服务设施可分为公益性服务设施和经营性服务设施两类。其中,公益性服务设施指遵循与生活活动相关、提供纯公共服务、满足基础水平需求和财政可持续等原则,由政府优先保障供给的公共服务设施,是乡村人居环境提升的重点对象。

1. 教育设施

　　近年来,黄河下游乡村地区人口外流加剧导致生源萎缩,部分村庄的小学由于学生人数严重不足只能改为教学点,最小规模的教学点仅有个位数的

---

① 禄德安.中原地区历史文化与政府职能定位[J].学习论坛,2009,25(11):53-56.
② 郑东军.中原文化与河南地域建筑研究[D].天津:天津大学,2008.

学生①。部分乡村地区依托交通条件进行了较大幅度的学校撤并,教育设施空间布局逐步集中化,多在镇区集中设置初中和小学,将原本分散布局在乡村地区的教学点逐步上收,并通过校车接送和寄宿制相结合,扩大镇区教育设施服务范围。

2. 医疗设施

两省农村卫生室数量居于全国第二、三位。从设置卫生室的村庄比例来看,山东省相对较低,主要原因在于山东省部分地区结合乡村社区化发展,仅在社区中心村设置了卫生室(图 3-22)。

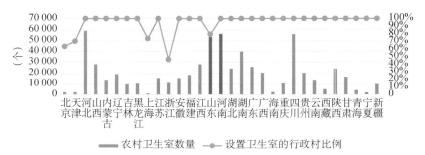

图 3-22 2018 年中国 31 个省份乡村卫生室及人员情况
资料来源:《中国农村统计年鉴(2019)》。

3. 文化设施

乡村文化设施是满足村民精神需求的物质载体。文化设施建设既是实现乡风文明的有效途径,也是传承地方文化的重要平台,对乡村人居环境质量提升具有重要意义。

山东省制定了《山东省乡镇综合文化站等级必备条件和评估标准》,该文件根据站舍面积、工作人员、藏书、站内设备总值等 8 项将文化站分为三级,并根据办站条件、公共服务等 5 个方面总结问题,细致划分出乡镇文化站评估标准。河南省制定了《河南省综合文化站工作规范(试行)》,对乡镇文化站的职能、活动、机构设置

① 赵民,邵琳,黎威.我国农村基础教育设施配置模式比较及规划策略——基于中部和东部地区案例的研究[J].城市规划,2014,38(12):28-33,42.

等提出了相关要求。2014 年山东、河南两省的乡镇文化站总量分别为 1 238 个和 1 904 个,高于 1 112 个的全国平均值,但由于两省乡村人口基数较大,乡镇文化站每万人仅有 0.28 个和 0.37 个,低于 0.57 个/万人的全国平均值(图 3-23)。

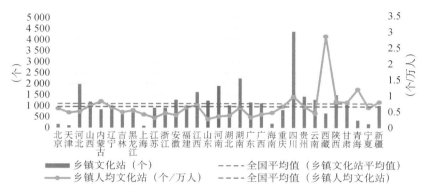

图 3-23　2014 年中国 31 个省份乡镇文化站统计
资料来源:《中国农村统计年鉴(2015)》。

4. 养老设施

　　山东、河南两省政府均给予乡村老年人补贴,同时也实施了乡村人口养老保险等业务。由于受中国传统"儿孙满堂""儿子养老"等思想影响较为深刻,乡村老人大多希望居家养老,现有的乡村养老设施的服务对象多为村内没有退休抚恤金、经济拮据的孤寡空巢老人。

　　2018 年山东、河南两省的乡村养老服务机构分别为 652 个和 784 个。由于两省乡村人口基数较大,乡村养老服务机构数每万人均为 0.17 个,尚低于 0.21 个/万人的全国平均值(图 3-24)。

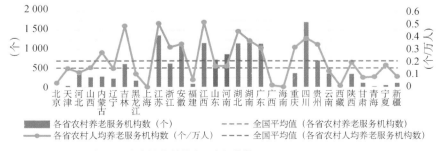

图 3-24　2018 年中国 31 个省份乡村养老服务机构情况
资料来源:《中国农村统计年鉴(2019)》。

3.4 空间环境

3.4.1 乡村规模

1. 村庄密度

2017 年山东省村庄数量为 67 044 个,河南省村庄数量为 43 096 个。2017
年山东、河南两省的村庄密度(自然村数量与各省行政区划面积的比值)分别为
0.44 个/平方千米和 0.26 个/平方千米,均高于 0.12 个/平方千米的全国平均
值,位居全国第一位和第三位(图 3-25)。

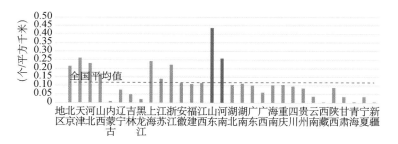

图 3-25　2017 年中国 31 个省份村庄密度
资料来源:《中国城乡建设统计年鉴(2017)》。

2. 村庄规模

2017 年山东省全省农业户籍人口数为 5 209.52 万人,村庄平均户籍人口为
777 人左右;河南省全省农业户籍人口数为 6 329.67 万人,村庄平均户籍人口为
1 469 人左右。2015 年山东省全省村庄建设用地总面积为 103.5 万公顷,村庄平
均建设用地面积为 15.4 公顷;河南省全省村庄建设用地总面积为 99.5 万公顷,
村庄平均建设用地面积为 23.1 公顷,两省的村庄人口和建设用地规模均高于全
国平均水平。

3.4.2　乡村特色

1. 村庄演变

黄河流域在新石器时期已有聚落分布,并逐渐形成了氏族部落。氏族治理黄河水患的过程中夏王朝得以建立,随后商朝的统治范围基本上集中在黄河中下游地区。春秋战国时期,黄河下游地区进一步发展,农业文明空前兴盛,齐、鲁、卫、郑等国的政治版图覆盖了黄河下游。秦代国家中心向黄河中游移动,黄河下游仍保持了较高的人口密度,驿道、渡口增加。至北宋时期,中原文明和人口密度达到了巅峰。近代黄河下游地区战争规模大且频繁,这一时期村庄发展陷入停滞甚至倒退。新中国成立后,土地制度的改革使得农民有了自己的土地,乡村地区大多是以互助组、合作社的方式,将几户村民编为一个小组,逐步形成了如今黄河下游地区村庄的雏形。

2. 传统村落

传统村落即古村落,是指具有一定的历史、文化、社会价值,应予以保护的村落,最初由住房和城乡建设部、文化部、财政部进行评选。截至 2018 年,山东省共有中国传统村落 125 个,河南省共有中国传统村落 205 个,两省国家级传统村落数量均低于 220 个的全国平均值(图 3-26)。

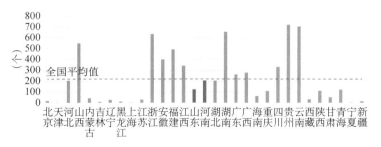

图 3-26　2018 年中国 31 个省份传统村落数量
资料来源:中国传统村落网。

根据第一批至第五批中国传统村落名单可以看出,两省内沿黄地区的传统村落数量稀少,其他地区数量较多。其中,山东省沿黄地区传统村落共计 20 个,仅占全省传统村落的 16%;河南省沿黄地区传统村落共计 23 个,仅占全省传统村落的 11.2%。

3. 历史文化名村

中国历史文化名村是指由建设部和国家文物局共同组织评选的,保存文物特别丰富且具有重大历史价值或纪念意义的,能较完整地反映历史传统风貌和地方民族特色的村庄。截至 2019 年,山东省共有中国历史文化名村 11 个,河南省共有中国历史文化名村 9 个。两省国家级历史文化名村数量均较少,均低于16 个的全国平均值(图 3-27)。

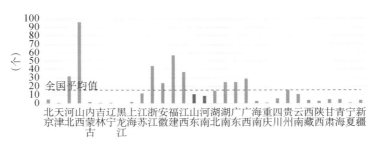

图 3-27   2019 年中国 31 个省份国家级历史文化名村数量
资料来源:中国传统村落网。

4. 传统民居

在传统民居的营建过程中,人们多以充分利用地形、尽量减少土石方量、方便住用、改善居住环境为主要原则①。黄河下游地区传统民居形式受地形地貌影响较大,总体呈现出低山丘陵地区民居、平原地区民居、入海口土坯房和胶东海草房等典型传统民居类型。

1) 低山丘陵地区民居

(1) 官道民居

明清时期,济南府周边由于有多条官道存在,沿线村落形成了特殊的官道合院。官道民居建筑形式主要为四合院或三合院,通常按南北纵轴线布置房屋与

———————————

① 陆元鼎. 中国民居建筑[M]. 广州:华南理工大学出版社,2004.

院落。院子由大门、二门、影壁、倒座、正房、厢房等若干单体建筑组成,建筑材料多为青方石根基、石灰坯墙,屋顶形式多为硬山式[图 3-28(a)]。

（2）平顶石头房

平顶石头房主要分布于济南长清、平阴等地,以三合院、四合院居多,建筑材料通常为当地石材。在前后墙之间架上横梁,上铺三合土,屋顶用石灰抹成漫坡顶,呈一条平缓弧线[1][图 3-28(b)]。

（3）泰山圆石头房

圆石头房广泛分布于泰山山脉周边,布局较为自由,每个院子的大小都不一样,或纵向或横向布置。建房用的石头基本取自河滩,形状各异,多为圆形[图 3-28(c)]。

（4）鲁中石头房

鲁中石头房的建筑材料采用当地的石材,石灰抹缝,内墙为土坯墙。由于砖瓦有限,很多房屋屋顶为山草顶或麦草顶,呈现出粗犷、朴素的建造风格[图 3-28(d)]。

(a) 官道民居:济南市章丘区博平村　　(b) 平顶石头房:济南市平阴县南崖村

(c) 泰山圆石头房:泰安市道朗镇二奇楼村　　(d) 鲁中石头房:济南市章丘区朱家峪村

图 3-28　低山丘陵地区民居形式

---

① 董伟丽.山东山区传统古村落的保护与再利用设计——以青州市井塘村为例[D].济南:山东建筑大学,2013.

2）平原地区民居

（1）鲁西南土坯房

鲁西南土坯房多为三合院或四合院,正屋坐北朝南,一般三间,东西两厢一般作储藏室或厨房用,大门位于东南角。鲁西南土坯房多用砖石墙基,在四个墙角砌砖垛用于承重,房顶多为灰瓦,营造方式不一,或为单檐起脊硬山式,或为二层楼式等建筑样式[图3-29（a）]。

（2）豫北石砖瓦院

石砖瓦院是豫北和豫东平原地区常见的民居形式,平面方正、中轴对称,有着明确的流线和完整的格局。建筑材料多因地制宜、就地取材,其墙体通常是用河沙、黏土为原料烧制而成的青砖,以直径30厘米～50厘米的木材做大梁,屋顶形式一般为硬山式[图3-29（b）]。

(a)鲁西南土坯房：菏泽市核桃园镇付庙村　　　(b)豫北石砖瓦院：登封市少林街道杨家门村

图3-29　平原地区民居形式

3）入海口土坯房

河口三角洲地区由于常年受水患影响,其民居通常建立在高台之上。由于此地为盐碱地,对砖的腐蚀性大,所以建筑材料一般为当地的碱土。这种民居布局较为简单,院落较大,房墙基多以砖砌,上面垒土坯,中间隔一层麦草以防碱腐蚀。房梁微曲架在柱子上,屋顶用厚泥抹平,中间略微隆起,整体风格厚重朴实(图3-30)。

4）胶东海草房

海草房是世界上最具代表性的生态民居之一,主要分布在胶东半岛的威海、烟台、青岛等沿海地带。该地区夏季多雨潮湿,冬季多雪寒冷。在这种特殊的地理位置和气候条件之下,民居主要考虑冬天保暖避寒,夏天避雨防晒。当地居民根据长期的生活中积累起来的独特的建筑经验,以厚石砌墙,用海草晒干后作为材料苫盖屋顶，建造出颇具海滨特色的海草房①（图 3-31）。

滨州市里则街道西纸坊村

图 3-30　入海口土坯房民居样式

荣成市东褚岛村

图 3-31　胶东海草房民居样式

3.4.3　基础设施

乡村基础设施是与人们生活息息相关的各类支撑性设施，包括道路、供水、供电、清洁能源、环卫等生活性服务设施。

1. 道路交通

山东、河南两省近年来投入大量资金进行道路建设，形成了覆盖全域的"大路网"体系，逐步实现"村村通""村内通"，并大力实施村庄硬化、净化、绿化、美化、亮化、乡土文化"六化"提升工程。2017 年，山东省村庄道路硬化率为 49.55％，高于 39.83％的全国平均值；河南村庄道路硬化率仅为 26.17％，尚低于全国平均水平（图 3-32）。

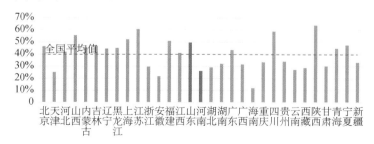

图 3-32　2017 年中国 31 个省份乡村道路硬化率
资料来源：《中国城乡建设统计年鉴（2017）》。

---

① 吴迪. 外围护结构设计中生态原则与城市界面的整合[D]. 南京：东南大学，2008.

2. 供应设施

1）村庄供水设施

山东、河南两省高度重视乡村供水工作,针对水质差、水量不足、取水不便、不能保证供给等几个方面的问题,通过简易自来水、引泉入村自来水、手压机井等多种形式,消除乡村饮用水存在的安全问题和隐患,维护和提高乡村卫生水平。总体而言,2017 年山东省的乡村供水水平较高,集中供水行政村占比和村庄供水普及率分别为 49.6% 和 93.0%,均高于全国平均值;河南省的集中供水行政村占比和村庄供水普及率分别为 26.2% 和 69.0%,均低于全国平均值(图3-33、图 3-34)。

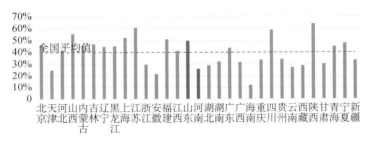

图 3-33　2017 年中国 31 个省份集中供水行政村占比
资料来源:《中国城乡建设统计年鉴(2017)》。

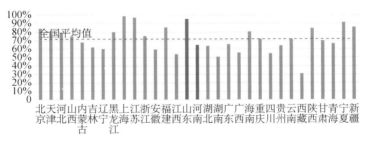

图 3-34　2017 年中国 31 个省份村庄供水普及率
资料来源:《中国城乡建设统计年鉴(2017)》。

2）村庄供电设施

乡村供电设施主要是指由乡村中低压供电线路、供电杆塔、变压器、变电室等设备构成的乡村电网。山东、河南两省经过数轮乡村电网改造升级,乡村供电设施基本实现了全覆盖。

3）清洁能源设施

（1）沼气设施

山东、河南两省长期以来积极开发利用乡村沼气资源，将沼渣沼液综合应用在种植、养殖业中，有效减少了农药、化肥使用量，对保障农产品质量安全起到了重要作用。2018 年两省沼气池产气量分别为 59 133 万立方米和 104 314 万立方米，均高于 36 168 万立方米的全国平均值（图 3-35）。

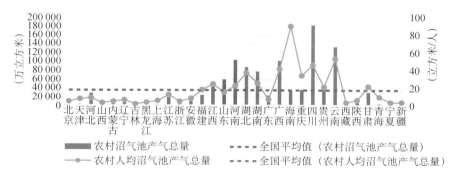

图 3-35　2018 年中国 31 个省份乡村沼气池产量统计
资料来源：《中国农村统计年鉴（2019）》。

（2）燃气设施

近年来，山东省大力推进乡村"煤改气"工程，推广燃气壁挂炉、集中供暖锅炉等天然气能采暖模式，减少冬季供暖污染，2017 年的乡村燃气普及率已达到45.57%，超过 25.65% 的全国平均值；而河南省 2017 年乡村燃气普及率仅为8.98%，距离 25.65% 的全国平均水平尚有较大差距（图 3-36）。

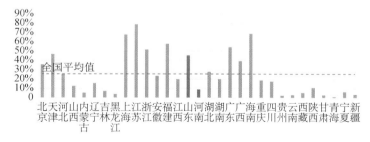

图 3-36　2017 年中国 31 个省份乡村燃气普及率
资料来源：《中国城乡建设统计年鉴（2017）》。

（3）太阳能设施

太阳能在生产基础设施方面的应用主要包括塑料大棚温室、干燥器等形式，其中塑料大棚温室的使用在黄河下游两省较为常见,在城市近郊蔬菜瓜果生产方面的经济效益尤为显著。太阳能在生活基础设施方面的应用主要包括太阳能热水器、被动式太阳房、太阳能供暖、太阳能照明等。其中,山东省乡村太阳能热水器使用较为普及,其2018年面积总量和人均指标分别为1 349.50万平方米和0.35万平方米/人,分别高于河南的638.90万平方米和0.14万平方米/人(图3-37)。

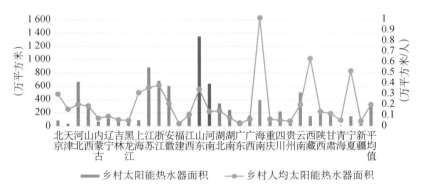

图3-37　2018年中国31个省份乡村太阳能热水器总量统计
资料来源:《中国农村统计年鉴(2019)》。

3. 环境设施

1)污水处理

截至2017年,山东省81.93%的建制镇对生活污水进行处理,污水处理率达71.84%,在全国处于较高的水平;河南省仅有36.33%的建制镇对生活污水进行处理,污水处理率为28.93%。根据2017年村庄排水管道沟渠覆盖情况(排水管道沟渠长度/道路总长度),山东省的覆盖率为72.02%,位于全国第三位;河南省的覆盖率仅为27.73%,低于36.65%的全国平均值(图3-38)。

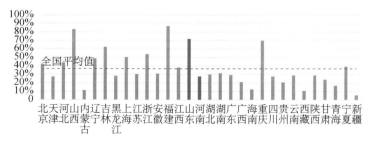

图3-38　2017年中国31个省份乡村排水管道沟渠覆盖情况
资料来源:《中国城乡建设统计年鉴(2017)》。

2）乡村改厕

截至 2017 年，山东、河南两省累计使用卫生厕所户数分别为 1 876 户和 1 539 户，分列全国第一位和第三位。山东省乡村卫生厕所的普及率为 92.3%，远高于 79.7% 的全国平均值；河南省乡村卫生厕所的普及率为 75.0%，略低于全国平均水平（图 3-39）。

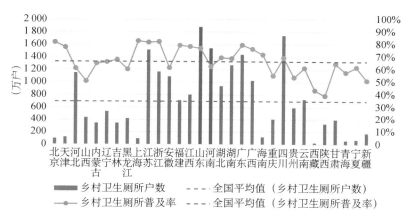

图 3-39　2017 年中国 31 个省份乡村卫生厕所使用情况
资料来源：《中国农村统计年鉴(2018)》。

3）垃圾转运设施

截至 2017 年，山东建制镇共建有生活垃圾中转站 1 342 座，河南省共建有 2 438 座。黄河下游两省乡村的垃圾转运设施较常见的是小型和大型垃圾箱，部分经济条件较好、建设较完善的新型农村社区，出资购入垃圾清运车并建设了小型垃圾中转站。部分贫困地区的乡村，尤其是未通道路的地区，尚存在生活垃圾随意丢弃或者村民将垃圾集中填埋的情况，对环境产生了一定污染。

4. 基础设施建设投入

1）市政公用设施

2017 年山东省的市政公用设施投入为 1 199 870 万元，高居全国首位；河南省市政公用设施投入为 483 635 万元，位列全国第九，两者均高于 349 844 万元的全国平均值。市政公用设施投入包括供水、燃气、集中供热、排水、环境卫生五个方面,从两省的市政公用设施投入在全国的地位来看,其基础设施规模稳步提高,乡村的综合承载力显著提升(图 3-40)。

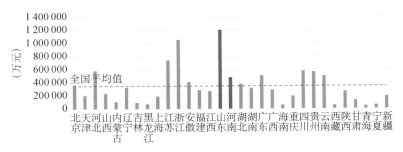

图 3-40　2017 年中国 31 个省份市政公用设施投入
资料来源:《中国城乡建设年鉴(2017)》。

2）园林绿化设施

2017 年山东省的园林绿化设施投入高达 239 380 万元,高居全国首位;河南省园林绿化设施投入为 73 801 万元,位列全国第七。山东省正在持续推进城镇化地区设施向乡村延伸,在园林绿化设施方面加大对荒坡绿化的提升,同时加大城镇乡村结合地带布局中心公园的建设力度;河南省也在积极加强园林绿化建设,着力改善乡村人居环境(图 3-41)。

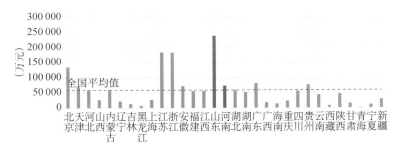

图 3-41　2017 年中国 31 个省份园林绿化设施投入
资料来源:《中国城乡建设年鉴(2017)》。

3）道路桥梁设施

2017 年山东省的道路桥梁设施投入高达 1 050 371 万元,仅次于云南、四川两省,位居全国第三位;河南省道路桥梁设施投入为 402 956 万元,略高于 393 770 万元的全国平均值。山东省道路硬化正实现由"村村通"向"户户通"延伸,逐步构建起通乡达村、干线相通的公路网络和完善便捷、城乡一体的客运网络的格局;河南省交通设施建设则通过"万村通客车提质工程"提速(图 3-42)。

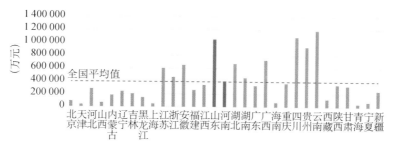

图 3-42 2017 年中国 31 个省份道路桥梁设施投入
资料来源:《中国城乡建设年鉴(2017)》。

3.5 结论

总体来看,黄河下游山东、河南两省的乡村人居环境相较全国其他地区具备以下特征。

(1)从自然环境来看,黄河下游沿黄地区地形以平原为主,整体水资源相对匮乏且水质较差;鲁中、豫西地区多山地丘陵,由于人口密度较高且农业发展历史绵长,长期存在土壤污染、水污染情况。

(2)从经济环境来看,两省农业都相对发达,平原地区机械化程度较高,具有典型的北方平原地区特征。山东省沿黄地区以粮食种植和畜牧养殖为主,鲁中、鲁东地区特色农产品(如蔬菜、水果等)发展较好;河南省农业则以粮食种植为主。由于非农产业发展相对落后,两省农民纯收入与全国平均水平基本持平。

(3)从社会环境上来看,受传统文化影响,乡村人口出生率较高,生育意愿也较高,老龄化程度处于全国平均水平线。山东省人口流动具有明确的省内流动特征,空心化程度相对较低;河南省作为劳动力输出大省,村民多到省外务工,乡村空心化程度相对较高。两省乡村公共服务水平总体较高,但由于乡村人口数量较多,平均水平相对较低。

(4)从空间环境上来看,两省地形以平原为主,相较全国其他地区,村庄规模较大且密度较高,村庄空间分布较为均质,平面布局大多较为紧凑、规整。丘陵地区村庄则多沿路、沿河、沿海分布,平面布局依地形地势变化,较为灵活。作为传统农区,民居地方特色不够突出,且遭受破坏较为严重。两省乡村基础设施建设工作成效显著,但由于村庄数量巨大,部分设施普及率有待提高。

第4章 黄河下游乡村人居环境的地区差异

乡村人居环境作为人居环境系统的重要组成部分,是乡村居民在生产生活过程中进行居住、交通、耕作、文化娱乐、教育卫生等活动,利用自然和改造自然所创造的环境[①]。本章以黄河下游山东、河南两省为研究对象,以两省县(市、区)(以下简称县市区)为基本评价单元,基于住房和城乡建设部乡村人居环境数据库的数据资料,建构乡村人居环境评价体系,解析黄河下游乡村人居环境中观层面的特征和差异。

选择县市区作为基本评价单元,一方面是考虑到县市区层面空间范围相对较小,下辖乡村在自然资源环境、社会经济发展上具有一定的同质性,数据能够代表一定地域范围的总体水平;另一方面是基于数据可得性的要求,县市区一级的统计数据相对全面,口径相对统一。

4.1 乡村人居环境质量评价指标体系

4.1.1 评价原则

1. 科学客观性原则

评价以事实为依据,客观反映县市区乡村人居环境的基本特征。

2. 以人为本原则

人居环境是"人类的聚居生活的地方,是与人类生存活动密切相关的地表空间"[②]。评价过程中应充分注重人的需求及感受,选取能够体现村民生产、生活状态的典型指标。

---

① 胡伟,冯长春,陈春.农村人居环境优化系统研究[J].城市发展研究,2006(6):11-17.
② 吴良镛.人居环境科学导论[M].北京:中国建筑工业出版社,2001.

3. 目标性原则

评价指标的选择应充分体现黄河下游地区的地域特征，须能真实反映该地区乡村人居环境的质量和水平。

4. 层次性原则

评价指标体系的建立应根据研究系统的结构区分层次，由宏观到微观、由抽象到具体。

5. 可操作性原则

评价指标所需数据应具有可采集性和可量化性，便于整理和计算，优先使用统计和监测数据。

4.1.2　指标体系构建

目前关于乡村人居环境定量评价的研究相对较少，缺乏公认的、相对成熟的评价指标体系。参考以往研究成果，依据对乡村人居环境概念的理解，本书将乡村人居环境拆解为乡村自然环境、乡村经济环境、乡村社会环境和乡村空间环境四个维度来构建指标体系。

（1）乡村自然环境是乡村居民赖以生产和生活的基础，是判断人居环境是否宜居的前置条件，评价以适于聚居、生活便利为价值导向。考虑到数据可量化和可得性两方面的限制，研究中主要考察三方面内容：一是自然环境是否宜居，二是自然环境受到人为影响的程度，三是乡村自然景观面貌。

（2）乡村经济环境是乡村发展和建设的物质基础，包括经济发展水平和农业发展情况两部分。乡村经济发展无法脱离整个区域发展的整体环境，因此经济发展水平部分不仅考察乡村自身发展水平，也要考察乡村所在区域的整体经济发展水平。农业发展情况则主要考察农业现代化水平和特色农业发展情况。

（3）乡村社会环境是乡村居民生活质量最直接的影响因素。在实际调查中发现，人口情况影响到乡村的社会氛围，人口外流严重、老龄化程度较高的乡村，乡村活力将会受到一定影响；乡村的社会服务设施配套齐全、乡村治理有序也会增强村民的归属感。因此,研究主要考察乡村的人口结构是否合理、社会服务设施配置是否完善、乡村管理是否合规和社会保障是否到位。

（4）乡村空间环境是乡村人居环境的物质载体。研究主要考察村庄的分布特征、村庄内部的建设质量。

乡村自然环境、乡村经济环境、乡村社会环境、乡村空间环境 4 项一级指标下辖 11 项二级指标、21 项三级指标、33 项四级指标,对每一级指标分别按照其重要程度赋予相应的权重。权重采用专家打分的方式确定,对人居环境影响越大其分值越高(表 4-1)。

表 4-1　乡村人居环境质量评价体系

一级指标	二级指标	三级指标	四级指标
乡村自然环境	地形地貌	不同地形乡村比例	平原乡村比例
			山区乡村比例
			丘陵乡村比例
	乡村污染治理	水污染治理	有处理设施比例
			有排水设施比例
		垃圾处理	有集中收集比例
		大气污染治理	使用清洁能源的比例
	乡村景观	植被覆盖情况	村内树木种植情况比例
		乡村面貌	垃圾乱堆乱放情况
乡村经济环境	乡村经济发展	区域经济发展水平	县市区人均 GDP
		乡村经济发展水平	农民人均纯收入
	农业发展情况	农业发展情况	粮食作物种植面积占耕地比例
			机收面积比例
			设施农业占地面积比例
乡村社会环境	乡村人口	空心化程度	净流出人口与户籍人口比值
			常年无人居住的乡村住房户数比例
		人口结构	16 岁至 60 岁人口比例
			60 岁以上人口比例
	乡村社会服务设施	文化设施配置	有文化、体育等公共活动场所比例
		信息设施配置	通宽带比例
	乡村管理与保障	建设管理	办理乡村建设规划许可比例
		村庄规划	编制村庄规划比例
		社会保障	参与医疗保险的比例

一级指标	二级指标	三级指标	四级指标
乡村空间环境	乡村密度与规模	村庄密度	自然村密度
			行政村密度
		村庄规模	平均人口规模
			平均建设用地规模
	乡村居住环境	住房情况	户均住房面积
			使用卫生厕所的住户比例
	乡村基础设施	道路建设	通村路硬化比例
			村内道路硬化比例
			有路灯比例
		供水情况	有集中供水比例

4.1.3 样本数据处理

研究采用的样本数据来自住建部农村建设调查数据库(2015 年)以及省、市、县市区年鉴、政府工作报告等。由于数据库样本统计的基本单位为村庄,首先剔除两省各县市区街道办以及各种经济开发区辖区内的村庄,以保证样本数据能够最大程度反映两省乡村地区的人居环境质量。

将筛选后的基础数据经 SPSS 软件进一步处理,以县市区为单位计算相关指标数据的加和、占比、人均等。其中,分类统计型指标按程度赋予权重,表征人居环境越好的指标赋分越高,再综合计算权重百分比。例如排水设施情况指标中有"没有排水设施、部分自然村屯有、所有自然村屯都有"三种情况,研究认为排水设施有利于人居环境的改善,因此按选项分别赋分为 1,2,3,假设某县每项分别占比 30%,20%,50%,使每项占比乘以赋分值的积的加和除以赋分和的 1/2,最终得出此县该项指标加权计算值为:

$$(30\% \times 1 + 20\% \times 2 + 50\% \times 3)/3 = 73.33\%$$

通过年鉴及政府文件等资料直接获取两省各县市区相关指标,其中乡村地区医疗保险参保比例这一指标仅能获取地级市层面数据,本研究默认同一地级市中各县市区此项指标数值相同。

最后,将不同渠道获取并经过上述处理的指标数据进行统一的标准化处理,确保所有指标落在[0,1]区间内,最终得出构建指标体系所需的基层四级指标。

4.1.4　数据分析

按照指标体系中所划分的四个等级,依照下列公式分别计算每一级的指标值,数值越高,该县市区该项指标所表示的人居环境状况越好。将指标关联到GIS中,直观表达人居环境各分项指标评价值在空间上的差异。

$$A = \lambda_1 \cdot a_1 + \lambda_2 \cdot a_2 + \lambda_3 \cdot a_3 + \lambda_4 \cdot a_4$$

式中,A 为该项指标人居环境得分;λ_i 为指标权重;a_i 为该项指标所包含的次一级指标。

4.2　乡村人居环境质量的地区差异

4.2.1　自然环境差异

由于地形限制,山东省乡村自然生态环境质量呈圈层式发展,沿黄地区即鲁西北、鲁西南等平原地区自然环境质量相对较优,鲁中山地和鲁东丘陵地区自然环境质量相对较差。河南省中北部地区县市区环境质量最优,除地形因素外,还与靠近省会、经济发展水平较高有关;沿黄地区县市区因处平原地区且靠近省会,自然环境优于大部分非沿黄地区县市区(图4-1)[①]。

通过均值检验法判断两省之间、两省境内沿黄县市区与非沿黄县市区的乡村自然环境差异。从结果来看,山东省优于河南省(山东省各县市区平均评价值为 0.757,河南省为 0.606);两省境内沿黄县市区乡村自然环境均优于非沿黄县市区(山东省内沿黄县市区平均评价值为 0.785,非沿黄县市区为 0.730;河南省内沿黄县市区平均评价值为 0.634,非沿黄县市区为 0.597)。

---

① 本章所用黄河下游山东、河南两省各县市区乡村情况示意图中有少量空白区域,系统计数据未能覆盖地区,图例中不再另外说明。

图 4-1　黄河下游山东、河南两省各县市区乡村自然环境评价

1. 地形地貌

　　地形地貌通过不同地形村庄的比例来进行度量。通过计算各县市区平原、丘陵、山区村庄各自所占比例，并分别赋权重 3，2，1，可得出各县市区不同地形村庄的比例。图中数值越大、颜色越深，代表该地区乡村地形越平坦(图 4-2)。

图 4-2　黄河下游山东、河南两省各县市区不同地形乡村比例

从图中可以看出,山东省沿黄县市区地形较为平坦,占据了山东省最主要、最集中的平原区域;同样,河南省沿黄县市区也基本位于平原地区。黄河冲积形成平缓的下游平原,可为沿黄地区的农业发展提供良好的农耕和灌溉条件。

通过均值检验法判断两省之间、两省境内沿黄县市区与非沿黄县市区的乡村地形地貌差异。从结果来看,山东、河南两省没有显著差异(山东省各县市区平均评价值为 0.866,河南省为 0.849);两省境内沿黄县市区平原比例显著高于非沿黄县市区(山东省内各沿黄县市区平均评价值为 0.939,非沿黄县市区为 0.799;河南省内各沿黄县市区平均评价值为 0.982,非沿黄县市区为 0.810)。

2. 乡村污染治理

乡村污染治理情况以水污染治理、垃圾处理以及大气污染治理 3 项三级指标进行度量。其中水污染治理包含污水处理设施比例与排水设施比例 2 项指标,垃圾处理包含垃圾集中收集比例 1 项指标,大气污染治理包含使用清洁能源比例 1 项指标。由于缺乏对各种污染程度的实际体现,乡村污染治理这项指标更侧重于反映各县市区对乡村地区环境的治理力度,并不能完全代表该地区的乡村自然环境受到环境污染的程度。图中数值越大、颜色越深,代表该地区乡村污染治理力度越大(图 4-3)。

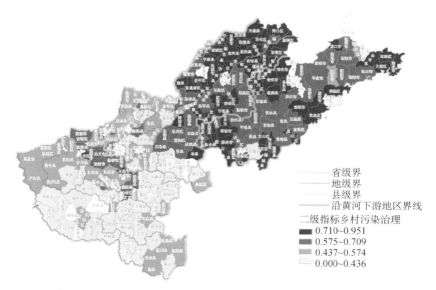

图 4-3　黄河下游山东、河南两省各县市区乡村污染治理水平评价

可以看出,山东省乡村污染治理整体上水平较高,尤其是北部沿黄县市区。河南省乡村污染治理整体上水平较为一般,仅省会周边地区污染治理状况较好。

通过均值检验法判断两省之间、两省境内沿黄县市区与非沿黄县市区的乡村污染治理差异。从结果来看,山东省优于河南省(山东省各县市区平均评价值为0.713,河南省为0.476);两省境内沿黄与非沿黄县市区乡村污染治理情况相当,差异不显著(山东省内各沿黄县市区平均评价值为0.727,非沿黄县市区为0.701;河南省内各沿黄县市区平均评价值为0.469,非沿黄县市区为0.477)。

1)水污染治理

污水处理方式和村庄内是否建有排水设施是考察水污染治理的两项重要内容。各县市区乡村地区进行污水处理的方式有排入城镇污水、村庄设有集中排水、分户建设处理及无处理设施,按比例分别赋权重计算得出污水处理指标。根据各县市区村庄设置排水设施的比例,按所有自然村屯都设有排水设施、部分自然村屯设有排水设施、没有排水设施比例分别赋权重计算得出排水设施指标。两项指标综合得出水污染治理评价值,能反映出各县市区乡村地区的水污染治理水平(图4-4)。图中数值越高,颜色越深,代表该地区水污染治理水平越高。

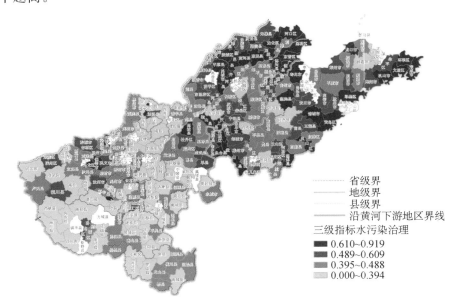

图例
┄┄┄ 省级界
──── 地级界
┈┈┈ 县级界
──── 沿黄河下游地区界线
三级指标水污染治理
■ 0.610~0.919
■ 0.489~0.609
■ 0.395~0.488
□ 0.000~0.394

图4-4　黄河下游山东、河南两省各县市区乡村水污染治理水平评价

可以看出,山东省乡村水污染治理水平较高,尤其是黄河下游平原及沿海地区的县市区,山地丘陵地区如鲁中山地及鲁东丘陵的县市区相对来说水污染治理水平较低。河南省水污染治理水平相对较高的县市区集中分布于省会附近,其他地区零星分布,沿黄地区整体水污染治理水平较低。

通过均值检验法判断两省之间、两省境内沿黄县市与非沿黄县市区的乡村水污染治理差异。从结果来看,山东省优于河南省(山东省各县市区平均评价值为 0.546,河南省为 0.415);山东省境内沿黄与非沿黄县市无显著差异(沿黄县市区平均评价值为 0.549,非沿黄县市区为 0.542);河南省境内沿黄县市区显著落后于非沿黄县市(沿黄县市区平均评价值为 0.374,非沿黄县市区为 0.426)。

2)垃圾处理

垃圾处理情况通过各县市区乡村垃圾处理方式来体现。各县市区乡村垃圾处理方式可分为转运至城镇处、卫生填埋、小型焚烧、简易填埋、露天堆放和无集中收集处理等方式,分别对各种处理方式赋以权重,综合计算出垃圾处理评价值。数值越高、颜色越深,代表该县市区垃圾处理水平越高(图 4-5)。

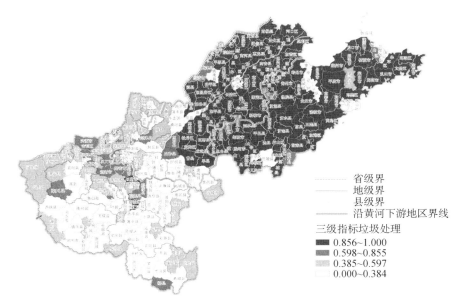

图 4-5　黄河下游山东、河南两省各县市区乡村垃圾处理水平评价

可以看出,山东省的乡村垃圾处理水平整体较高且分布均衡;河南省垃圾处理水平较高的县市区集中分布在中北部靠近省会的地区,其他地区零星分布,整体呈现出明显的圈层式特征,沿黄地区县市区垃圾处理在全省来看处于一般水平,并且普遍低于其西侧靠近省会的县市区。

通过均值检验法判断两省之间、两省境内沿黄与非沿黄县市区的乡村水污染治理差异。从结果来看,山东省优于河南省(山东省各县市区平均评价值为0.954,河南省为0.435);两省沿黄县市区与非沿黄县市无显著差异(山东省沿黄县市区平均评价值为0.973,非沿黄县市区为0.937;河南省沿黄县市区平均评价值为0.445,非沿黄县市区为0.432)。

3) 大气污染治理

大气污染治理情况通过各县市区乡村使用清洁能源的比例来体现。按使用清洁能源的比例进行分类并分别赋予权重值,即完全使用液化气、天然气、沼气、电等清洁能源的村庄为3,使用清洁能源的同时还使用煤作为能源的村庄为2,使用柴草、秸秆等作为能源的村庄为1,综合计算出各县市区乡村对清洁能源的使用比例。图中数值越高、颜色越深,代表该地区大气污染治理水平越高(图4-6)。

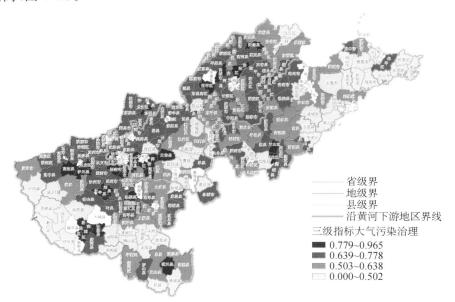

图4-6 黄河下游山东、河南两省各县市区乡村大气污染治理水平评价

可以看出,山东省大气污染治理水平较高的县市区集中分布于北部沿黄地区及鲁中南地区,其他地区零星分布;河南省大气污染治理水平较高的县市区集中在沿黄及省会附近地区,大气污染治理水平呈圈层状向外逐渐降低。山东省沿黄县市区的乡村大气污染治理水平除西南部地区外普遍较高,比非沿黄县市区尤其是山东半岛地区整体治理水平略高;河南省沿黄县市区大气污染治理水平与非沿黄的北部地区相近,并高于西南部地区。

通过均值检验法判断两省之间、两省境内沿黄与非沿黄县市区的乡村大气污染治理差异。从结果来看,山东省低于河南省(山东省各县市区平均评价值为0.610,河南省为0.662);两省境内沿黄与非沿黄县市区无显著差异(山东省内各沿黄县市区平均评价值为0.634,非沿黄县市区为0.587;河南省内各沿黄县市区平均评价值为0.691,非沿黄县市区为0.654)。

3. 乡村景观

乡村景观是评价乡村环境的重要方面,也是衡量乡村是否宜居的标准之一。乡村景观包括乡村植被情况与乡村面貌两部分内容,考虑到影响乡村面貌的主要因素是垃圾的乱堆乱放情况,因此主要选取村内树木种植情况比例和垃圾乱堆乱放情况两项指标。图中数值越高、颜色越深,代表该地区乡村景观越优越(图4-7)。

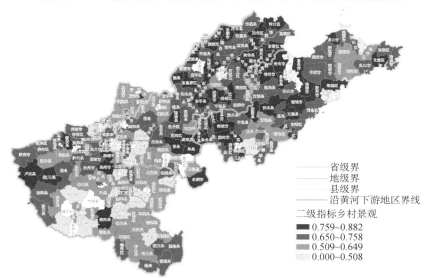

图 4-7　黄河下游山东、河南两省各县市区乡村景观评价

　　可以看出,山东省的乡村景观整体较好,其中鲁西南地区、济南周边县市区、济南—青岛沿线县市区乡村景观最好;河南省乡村景观较好的地区主要分布在豫北地区,即郑州、洛阳、焦作下辖县市区。

　　通过均值检验法判断两省之间、两省境内沿黄与非沿黄县市区的乡村景观差异。从结果来看,山东省优于河南省(山东省各县市区平均评价值为0.745,河南省为0.614);山东省境内沿黄县市区显著优于非沿黄县市区(沿黄县市区平均评价值为0.766,非沿黄县市区为0.726),而河南省境内沿黄县市区与非沿黄县市无明显差异(沿黄县市区平均评价值为0.624,非沿黄县市区为0.611)。

　　1)植被覆盖情况

　　乡村植被情况通过村庄植被覆盖率进行衡量,可分为"较少见到树木""树木零星散布""树木随处可见""绿树成荫"四个等级。图中数值越大、颜色越深,代表该地区乡村植被覆盖情况越好(图4-8)。

图 4-8　黄河下游山东、河南两省各县市区乡村植被覆盖情况评价

　　可以看出,两省沿黄地区的乡村植被覆盖情况较为一般,植被覆盖最好的村庄集中在河南省西部和南部地区、山东省中北部地区。河南省内的沿黄县市区,同河南省其他地区相比植被覆盖率较低;而山东省内的沿黄地区县市区同非沿

黄地区相差不大,分布较为平均。

　　通过均值检验法判断两省之间、两省境内沿黄与非沿黄县市区的乡村植被情况差异。从结果来看,山东、河南两省整体无明显差异(山东省各县市区平均评价值为 0.637,河南省为 0.647);山东省境内沿黄县市区与非沿黄县市区无明显差异(沿黄县市区平均评价值为 0.649,非沿黄县市区为 0.627),而河南省境内沿黄县市区则低于非沿黄县市区(沿黄县市区平均评价值为 0.606,非沿黄县市区为 0.659)。

　　2)乡村面貌

　　乡村面貌通过村庄垃圾乱堆乱放情况指标进行衡量,可分为"严重""较多""较少""无"四个等级,按照分类将村庄进行统计整理得出。图中数值越大、颜色越深,代表该地区乡村面貌越好(图 4-9)。

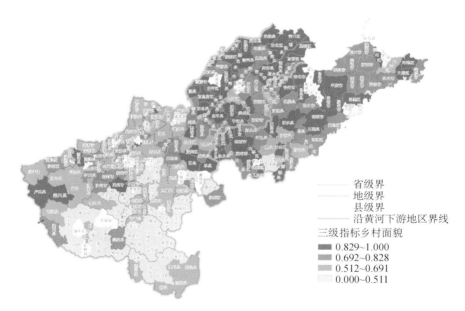

图 4-9　黄河下游山东、河南两省各县市区乡村面貌评价

　　可以看出,山东省乡村面貌整体好于河南省,山东省的沿黄县市区、西南部及中东部地区优于省内其他地区。相较之下,河南省垃圾乱堆乱放情况较为严重,尤其是豫南地区。

　　通过均值检验法判断两省之间、两省境内沿黄与非沿黄县市区的乡村面貌差异。从结果来看,山东省优于河南省(山东省各县市区平均评价值为0.827,河南省为0.589);两省境内沿黄县市区均显著优于非沿黄县市区(山东省沿黄县市区平均评价值为0.856,非沿黄县市区为0.801;河南省沿黄县市区平均评价值为0.637,非沿黄县市区为0.574)。

4. 结论

(1)从地形地貌上看,山东、河南两省均以平原为主,山东省相对河南省地形地貌种类更为丰富,但两省总体上无显著差异;两省的沿黄与非沿黄县市区则显示出明显的差异,沿黄县市区平原地形特征显著。

(2)从乡村污染治理上看,山东省在乡村地区水污染处理、垃圾处理上优于河南省,而河南省在大气污染防治上优于山东省。山东省沿黄和非沿黄县市区在乡村污染治理上并未呈现显著差异,而河南省除了水污染处理上略差于非沿黄县市区外,沿黄和非沿黄县市区同样未呈现显著差异。这说明乡村污染治理和防治主要受地方政策和经济发展水平影响,其次是由地形带来的影响。

(3)从乡村景观上看,山东省乡村景观较好的地区主要是鲁西南平原地区、济南—青岛沿线县市区,而河南则集中在郑州、洛阳、焦作下辖县市,说明乡村景观同样受到经济发展水平影响较大。

需要指出的是,通过地形地貌指标仅能判断不同县市区的乡村所处大致地势类型,缺乏对其地质环境、气候、生物多样性等方面自然条件的体现;而乡村污染指标仅能反映乡村污染治理的情况,并不能判断乡村地区本身污染的程度;二者综合得出的自然环境指标具有一定的局限性。限于数据可得性,选取指标只针对村庄内部,而村庄周边可能会影响到乡村景观的因素,如山体、林地等无法统一衡量,使得评价结果具有一定的局限性。

4.2.2 经济环境差异

乡村经济环境主要通过经济发展水平和农业发展情况两部分指标衡量。图中数值越大、颜色越深,代表该地区乡村经济环境越好(图4-10)。

图 4-10　黄河下游山东、河南两省各县市区乡村经济环境评价

　　整体来看,山东省各县市区乡村经济环境相对较好,济南—青岛沿线及胶东半岛县市区乡村经济环境优于除济南周边县市区和东营市以外的其他沿黄地区。河南省各县市区乡村经济环境评价结果整体低于山东省,郑州市对周边地区经济发展的带动作用较强,郑州—洛阳周边乡村经济环境相对较好。

　　通过均值检验法判断两省之间、两省境内沿黄与非沿黄县市区的乡村经济环境差异。从结果来看,山东省显著优于河南省(山东省各县市区平均评价值为0.339,河南省为0.167);山东省境内沿黄县市区经济发展落后于非沿黄县市区(沿黄县市区平均评价值为0.300,非沿黄县市区为0.374),而河南省境内沿黄与非沿黄县市区乡村经济环境差异不显著(沿黄县市区平均评价值为0.182,非沿黄县市区为0.163)。

1. 乡村经济发展

　　乡村经济发展水平主要用县市区人均 GDP、农民人均纯收入两项指标来衡量。图中数值越大、颜色越深,代表该地区乡村经济发展水平越高(4-11)。

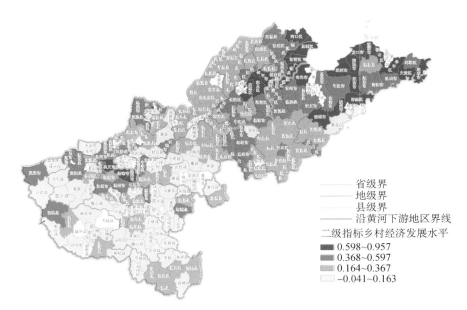

图 4-11　黄河下游山东、河南两省各县市区乡村经济发展水平评价

　　可以看出,山东省济南—青岛沿线及胶东半岛县市区经济发展水平最高。沿黄县市区中东北部经济发展情况较好,而西北、西南部经济发展水平较为落后,沿黄和非沿黄县市区经济发展水平无明显差异。河南省经济发展水平整体落后于山东省,省会周边地区相对较为发达,沿黄地区经济发展水平与非沿黄地区无明显差异。

　　通过均值检验法判断两省之间、两省境内沿黄县市区与非沿黄县市区的经济发展差异。从结果来看,山东省优于河南省(山东省各县市区平均评价值为0.421,河南省为0.209);山东省境内沿黄县市区经济发展差于非沿黄县市区(沿黄县市区平均评价值为0.373,非沿黄县市区为0.465),而河南省境内沿黄县市区与非沿黄县市区经济发展差异不显著(沿黄县市区平均评价值为0.214,非沿黄县市区为0.208)。

2. 农业发展情况

　　农业发展情况主要用粮食作物种植面积占耕地面积比例、机收面积比例、设施农业占地面积比例三项指标衡量。图中数值越大、颜色越深,代表该地区农业发展水平越高(图 4-12)。

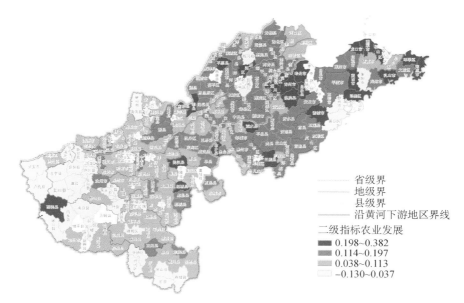

图 4-12　黄河下游山东、河南两省各县市区农业发展水平评价

可以看出,山东省境内大部分县市区农业发展较好,受土壤环境限制,农业发展较差的县市区主要分布于沿黄地区的西南部以及黄河入海口地区,沿黄县市区的粮食作物种植面积和设施农业占地面积均高于非沿黄地区,而机收面积比例略低于非沿黄地区;而河南省除豫西地区农业发展较为落后外,其他地区相对均质,沿黄县市区整体上略好于非沿黄县市区。

通过均值检验法判断两省之间、两省境内沿黄与非沿黄县市区的农业发展差异。从结果来看,山东省优于河南省(山东省各县市区平均评价值为0.147,河南省为0.068);山东省境内沿黄县市区农业发展落后于非沿黄县市区(沿黄县市区平均评价值为0.129,非沿黄县市区为0.163),而河南省境内沿黄县市区优于非沿黄县市区(沿黄县市区平均评价值为0.109,非沿黄县市区为0.056)。

3. 结论

从经济发展情况上看,山东省位于沿海地区,区位优势较明显,且对外交通较为发达,工农业发展基础较好,各地市多有代表性产业;而河南省省会地区首位度较高,除省会周边,其他地区发展相对落后。在农业发展上,由于山东地形地貌相对丰富,土壤条件较好,蔬菜、水果种植基础较好,因此受土壤所限、以粮食作物为主的沿黄地区农业发展相对落后;而河南省是传统粮食生产大省,种植作物以粮食为主,沿黄地区地形较为平缓,适合大田作业,农业发展水平较省内其他其他地区更为先进。

4.2.3 社会环境差异

乡村社会环境评价包含乡村人口、乡村社会服务设施、乡村管理与保障三部分内容。其中,乡村人口评价关注空心化程度和人口结构,乡村社会服务设施评价关注文化设施和信息设施的配置水平,乡村管理与保障评价则关注建设管理、村庄规划和社会保障情况。上述 7 项三级指标分别用净流出人口与户籍人口比值、常年无人居住的乡村住房户数比例等 9 项四级指标来衡量。图中数值越大、颜色越深,代表该地区乡村社会环境越好(图 4-13)。

图 4-13　黄河下游山东、河南两省各县市区乡村社会环境评价

整体来看,山东省境内的乡村社会环境普遍较好,鲁中地区、黄河入海口地区优于省内其他地区;河南省北部郑州市和洛阳市周边地区乡村社会环境较好,其境内沿黄地区乡村社会环境一般,优于中部和南部,但与郑州洛阳地区存在差距。

通过均值检验法判断两省之间、两省境内沿黄与非沿黄县市区的乡村社会环境差异。从结果来看,山东省优于河南省(山东省各县市区平均评价值为0.665,河南省为0.577);两省境内沿黄和非沿黄县市区差异均不显著(山东省内各沿黄县市区平均评价值为0.669,非沿黄县市区为0.661;河南省内各沿黄县市区平均评价值为0.588,非沿黄县市区为0.574)。

1. 乡村人口情况

考虑到乡村人居环境的好坏与乡村人口数量及年龄结构有关,人口趋于年轻化且人口数量较多的村庄更加有活力,对乡村人居环境的改善较为有利,因此乡村人口情况主要用空心化程度和人口结构两项指标来衡量。图中数值越大、颜色越深,代表该地区乡村人口情况越好(图4-14)。

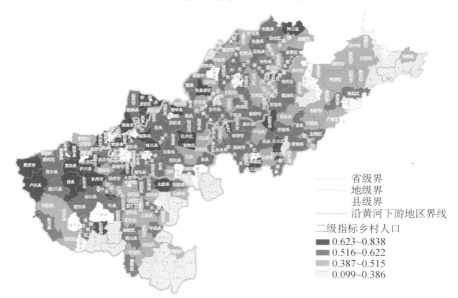

图4-14　黄河下游山东、河南两省各县市区乡村人口评价

可以看出,山东省境内沿黄地区乡村人口情况整体较好,东部沿海地区乡村人口情况相对较差;河南省北部地区包括沿黄地区在内乡村人口情况均较好,南部地区较差。河南省近年来实施以郑州市为中心的中原城市群发展战略,加快了中原城市群的城镇化进程,对周边地区的人口产生了一定的吸引力,形成了重要的人口聚集区。

通过均值检验法判断两省之间、两省境内沿黄与非沿黄县市区的乡村人口情况差异。从结果来看,山东省与河南省无明显差异(山东省各县市区平均评价值为 0.519,河南省为 0.546);山东省境内沿黄县市区显著优于非沿黄县市区(沿黄县市区平均评价值为 0.544,非沿黄县市区为 0.496),而河南省境内沿黄县市区略优于非沿黄县市区,但差异不显著(沿黄县市区平均评价值为 0.582,非沿黄县市区为 0.536)。

1) 空心化程度

乡村空心化程度越低则发展活力越强,对于乡村人居环境改善越有利。其中,人口空心化水平通过净流出人口(户籍人口与常住人口的差值)与户籍人口的比值来测度,空间空心化通过常年无人居住的农房户数占农房总数的比值来测度。图中数值越小、颜色越浅,代表该地区乡村的综合空心化程度越高(图 4-15)。

图 4-15 黄河下游山东、河南两省各县市区乡村空心化程度评价

　　研究发现,山东省乡村空心化情况分布相对比较均质,沿黄地区的乡村净流
出人口与户籍人口比值高于非沿黄地区各县市区,而其常年无人居住的户数比
值低于非沿黄地区,分析其原因可能为沿黄地区以家庭为单位外出务工人员较
少。河南省乡村空心化较为严重的县市区主要分布于豫南地区,其境内沿黄地
区乡村空心化程度相对较低,沿黄地区各县市区乡村净流出人口与户籍人口比
值和常年无人居住户数比例均低于其他地区县市区。

　　通过均值检验法判断两省之间、两省境内沿黄与非沿黄县市区的人口空
心化程度差异。从结果来看,山东省与河南省无明显差异(山东省各县市区平
均评价值为 0.605,河南省为 0.573);山东省境内沿黄与非沿黄县市区无明显
差异(沿黄县市区平均评价值为 0.611,非沿黄县市区为 0.600),而河南省境
内沿黄县市区优于非沿黄县市区(沿黄县市区平均评价值为 0.641,非沿黄县
市区为 0.553)。

　　2)人口结构

　　考虑到乡村青壮年劳动力比例越高,乡村的发展越有动力,对于其人居环境
的改善越有利,乡村人口结构主要用 16—60 岁人口比例和 60 岁以上人口比例
来衡量。图中数值越大、颜色越深,代表该地区乡村人口结构越好(图 4-16)。

图 4-16　黄河下游山东、河南两省各县市区乡村人口结构评价

可以看出,山东省东部地区乡村人口结构趋于老龄化,其境内沿黄地区相对于非沿黄地区乡村人口情况较好,沿黄地区乡村 16—60 岁常住人口比例略高于非沿黄地区,60 岁以上常住人口比例略低于非沿黄地区。河南省乡村人口结构整体情况良好,其中南部部分县市区乡村人口趋于老龄化,北部包括沿黄地区乡村人口情况较好;沿黄同非沿黄地区相比,乡村人口结构差别不明显。

通过均值检验法判断两省之间、两省境内沿黄与非沿黄县市区的人口结构差异。从结果来看,山东省差于河南省(山东省各县市区平均评价值为 0.425,河南省为 0.516);山东省境内沿黄县市区优于非沿黄县市区(沿黄县市区平均评价值为 0.471,非沿黄县市区为 0.383),而河南省境内沿黄与非沿黄县市区无明显差异(沿黄县市区平均评价值为 0.516,非沿黄县市区为 0.516)。

2. 乡村社会服务设施

乡村社会服务设施配置情况主要用文化设施和信息设施配置情况来衡量。图中数值越大、颜色越深,代表该地区乡村社会服务设施配置情况越好(图 4-17)。

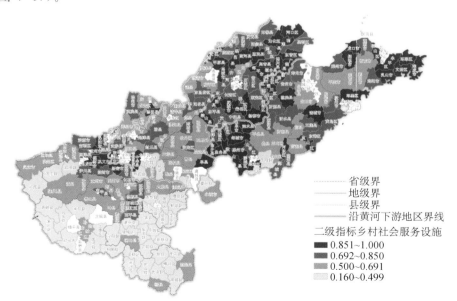

图 4-17　黄河下游山东、河南两省各县市区乡村社会服务设施配置评价

可以看出,山东省乡村社会服务设施配置较好的县市主要分布于鲁中地区、沿海地区和黄河入海口地区。河南省除洛阳市和郑州市周边县市区乡村社会服务设施配置较好以外,其他地区配置水平不高;其境内沿黄地区乡村社会服务设施配置较西部、南部地区好,较洛阳市、郑州市周边地区存在差距。

通过均值检验法判断两省之间、两省境内沿黄与非沿黄县市区的乡村社会服务设施配置差异。从结果来看,山东省优于河南省(山东省各县市区平均评价值为 0.811,河南省为 0.591);两省境内沿黄与非沿黄县市区无明显差异(山东省内各沿黄县市区平均评价值为 0.815,非沿黄县市区为 0.808;河南省内各沿黄县市区平均评价值为 0.644,非沿黄县市区为 0.575)。

1) 文化设施

乡村文化设施配置情况主要用有文化、体育等公共活动场所的乡村比例来衡量。图中数值越大、颜色越深,代表该地区乡村文化设施配置情况越好(图 4-18)。

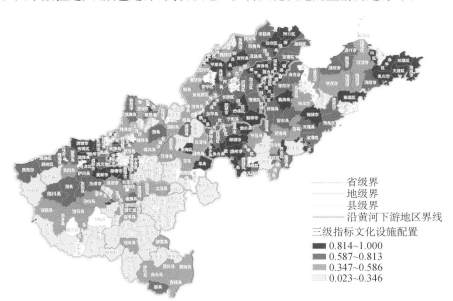

图 4-18　黄河下游山东、河南两省各县市区乡村文化设施配置水平评价

可以看出,山东省中部以及东部沿海各县市区乡村文化设施配置情况较好;从有文化、体育设施乡村比例这一指标可以看出,山东省境内沿黄县市区有文化、体育设施的乡村比例的平均水平高于非沿黄地区。河南省中部偏北县市区乡村文化设施配置较好;从有文化、体育设施的村庄比例这一指标可以看出,河

南省境内沿黄县市区的文化、体育设施配置比例低于非沿黄地区。

通过均值检验法判断两省之间、两省境内沿黄与非沿黄县市区的乡村文化设施配置差异。从结果来看，山东省优于河南省（山东省各县市区平均评价值为0.718，河南省为0.474）；两省境内沿黄与非沿黄县市区无明显差异（山东省内各沿黄县市区平均评价值为0.723，非沿黄县市区为0.715；河南省内各沿黄县市区平均评价值为0.453，非沿黄县市区为0.480）。

2）信息设施

乡村信息设施配置情况主要用通宽带村庄所占比例来衡量。图中数值越大、颜色越深，代表该地区乡村信息设施配置情况越好（图4-19）。

图4-19 黄河下游山东、河南两省各县市区乡村信息设施配置水平评价

可以看出，山东省乡村信息设施配置情况普遍较好；河南省境内中部地区、北部地区，包括沿黄地区乡村信息设施配置情况较好，西部山区和南部地区乡村信息设施配置情况较差。

通过均值检验法判断两省之间、两省境内沿黄与非沿黄县市区的乡村信息设施配置差异。从结果来看，山东省显著优于河南省（山东省各县市区平均评价值为0.935，河南省为0.745）；山东省境内沿黄县与非沿黄县市区无明显差异

（沿黄县市区平均评价值为 0.939，非沿黄县市区为 0.931），而河南省境内沿黄县市区则优于非沿黄县市区（沿黄县市区平均评价值为 0.896，非沿黄县市区为 0.701）。

3. 乡村管理与保障

乡村管理与保障情况主要用乡村建设管理、村庄规划、社会保障三项指标来衡量。图中数值越大、颜色越深，代表该地区乡村管理与保障情况越好（图 4-20）。

图 4-20　黄河下游山东、河南两省各县市区乡村管理与保障水平评价

可以看出，山东省乡村管理与保障情况较好的县市区主要分布于东南部沿海地区和省会周边地区，沿黄地区乡村管理与保障情况与其他地区差异较小。河南省乡村管理与保障情况较好的县市区主要分布于西部和南部，沿黄地区乡村管理与保障情况较之略差。

通过均值检验法判断两省之间、两省境内沿黄与非沿黄县市区的乡村管理与保障差异。从结果来看，山东省与河南省无明显差异（山东省各县市区平均评价值为 0.614，河南省为 0.589）；山东省境内沿黄与非沿黄县市区无明显差异

（沿黄县市区平均评价值为 0.599，非沿黄县市区为 0.629），而河南省境内沿黄县市区则差于非沿黄县市区（沿黄县市区平均评价值为 0.519，非沿黄县市区为 0.610）。

　　1）乡村建设管理

　　乡村建设管理主要用村里各项建设项目办理乡村建设规划许可的比例来衡量。图中数值越大、颜色越深，代表该地区乡村建设管理越规范（图 4-21）。

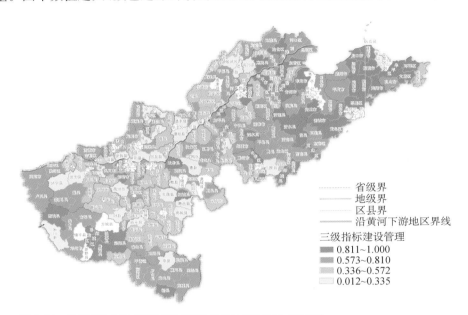

　　　　　　　　　　　　　　　　　　　　　　　　……………… 省级界
　　　　　　　　　　　　　　　　　　　　　　　　———— 地级界
　　　　　　　　　　　　　　　　　　　　　　　　———— 区县界
　　　　　　　　　　　　　　　　　　　　　　　　———— 沿黄河下游地区界线
　　　　　　　　　　　　　　　　　　　　　　　　三级指标建设管理
　　　　　　　　　　　　　　　　　　　　　　　　■ 0.811~1.000
　　　　　　　　　　　　　　　　　　　　　　　　■ 0.573~0.810
　　　　　　　　　　　　　　　　　　　　　　　　■ 0.336~0.572
　　　　　　　　　　　　　　　　　　　　　　　　□ 0.012~0.335

图 4-21　黄河下游山东、河南两省各县市区乡村建设管理水平评价

　　可以看出，山东省中东部地区乡村建设管理情况较好，通过对比各项建设需要办理乡村建设许可证比例可以看出，其境内沿黄地区与非沿黄地区相比乡村建设管理情况稍差。河南省省会周边地区、西部山区和南部地区乡村建设管理情况较好，其境内非沿黄地区乡村建设管理情况好于沿黄地区。

　　通过均值检验法判断两省之间、两省境内沿黄与非沿黄县市区的乡村建设管理差异。从结果来看，山东省优于河南省（山东省各县市区平均评价值为 0.676，河南省为 0.528）；两省境内沿黄县市区均显著差于非沿黄县市区（山东省内各沿黄县市区平均评价值为 0.584，非沿黄县市区为 0.761；河南省内各沿黄县市区平均评价值为 0.434，非沿黄县市区为 0.555）。

2）村庄规划

村庄规划情况主要用县市区内所有村庄中已编制村庄规划的比例来衡量。图中数值越大、颜色越深，代表该地区村庄规划覆盖比例越高（图 4-22）。

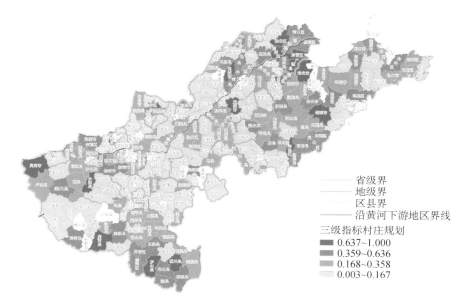

图 4-22　黄河下游山东、河南两省各县市区村庄规划编制情况评价

可以看出，山东省村庄规划编制情况较好的县市区主要分布于沿海地区和济南周边地区，其境内沿黄地区除个别县市区以外，其余县市区村庄规划正在推进过程中。河南省村庄规划编制情况较好的县市区主要分布于郑州—洛阳周边地区和南部地区，其沿黄地区村庄规划编制比例有待进一步提高。

通过均值检验法判断两省之间、两省境内沿黄与非沿黄县市区的村庄规划编制差异。从结果来看，山东省与河南省无明显差异（山东省各县市区平均评价值为 0.277，河南省为 0.232）；山东省境内沿黄与非沿黄县市无明显差异（沿黄县市区平均评价值为 0.276，非沿黄县市区为 0.278），而河南省境内沿黄县市区则差于非沿黄县市（沿黄县市区平均评价值为 0.137，非沿黄县市区为 0.260）。

3）社会保障

乡村社会保障这一指标由于可获得数据的局限性，主要用乡村居民参与医

疗保险的比例来衡量,部分地区采用该县市区所在地级市的村民参保比例作为
分析依据,参保比例越高,乡村居民生活越有保障,因病致贫可能性越低,乡村人
居环境越好(图4-23)。

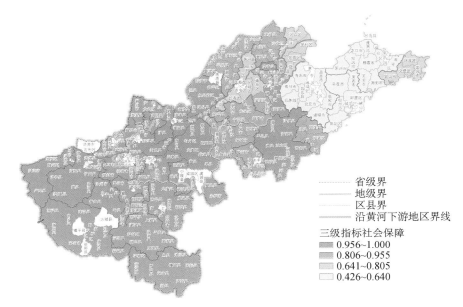

图4-23 黄河下游山东、河南两省各县市区乡村社会保障水平评价

可以看出,山东省中南部和西部地区各县市区乡村社会保障情况较好,沿黄
地区社会保障优于其他地区;河南省境内沿黄地区与其他地区相比乡村社会保
障情况差别不大,整体较好。

通过均值检验法判断两省之间、两省境内沿黄与非沿黄县市区的乡村社会
保障差异。从结果来看,山东省差于河南省(山东省各县市区平均评价值为
0.856,河南省为0.999);山东省境内沿黄县市区优于非沿黄县市区(沿黄县市区
平均评价值为0.911,非沿黄县市区为0.805),而河南省境内沿黄县市区差于非
沿黄县市区(沿黄县市区平均评价值为0.995,非沿黄县市区为1.000)。

4. 结论

(1)从乡村人口情况上看,由于受到传统文化思想影响,民风相对保守,山
东、河南两省内沿黄地区乡村人口外出打工比例相对较低,而生育意愿较为强

烈,因此人口空心化程度低于省内其他地区;而人口结构相对其他地区更为年轻,少年儿童比例较高。

（2）从乡村社会服务设施配置上看,山东省优于河南省,两省沿黄和非沿黄地区则无明显差异;从评价值来看,沿黄地区设施配置略好于非沿黄地区。这主要是受到乡村规模影响,两省沿黄地区相对非沿黄地区乡村规模较大,2 000 人以上乡村较为常见,社会服务设施配置一般较为齐全。

（3）从乡村管理与保障情况上看,两省沿黄地区与非沿黄地区尚存在一定差距,这主要受限于当地的社会经济发展水平以及地方政策。

4.2.4　空间环境差异

乡村空间环境评价包含乡村密度与规模、乡村居住环境、乡村基础设施三部分内容。研究认为,村庄规模越大,分布越集中,越能降低建设成本,提高建设效益,越有利于人居环境的改善;居住环境是乡村居民生活的重要组成部分,好的住房条件能够大大提高居民对人居环境的满意程度;基础设施是乡村居民生活的有力支撑,基础设施建设越好,居民生活越便利,生活质量越高,人居环境水平越高。这三个指标涵盖了乡村建设的各个方面,是农户生产生活的空间载体以及创造物质财富和精神财富的核心区域,也是评价乡村人居环境质量的重要部分。这三部分内容包含村庄密度、村庄规模、住房情况、道路建设、供水情况共 5 项三级指标,用自然村密度、村庄密度、村庄人口规模、村庄用地规模、人均住房面积、卫生厕所比例、道路硬化比例、有路灯比例、集中供水比例等 10 项四级指标来衡量。图中数值越大、颜色越深,代表该地区乡村空间环境质量越好(图 4-24)。

可以看出,山东省乡村空间环境整体较好,鲁北黄河入海口地区以及济南—青岛沿线各县市区最优,沿黄县市区整体优于省内其他地区。河南省空间环境评价最优的地区集中在省会周边并呈圈层分布,豫中、豫东北地区空间环境较好而豫西、豫南较差,沿黄县市区整体优于省内其他地区。

通过均值检验法判断两省之间、两省境内沿黄与非沿黄县市的空间环境差异。从结果来看,山东省优于河南省(山东省各县市区平均评价值为 0.406,河南

图 4-24　黄河下游山东、河南两省各县市区乡村空间环境评价

省为 0.342)；两省境内沿黄县市区均优于非沿黄县市区(山东省内各沿黄县市区平均评价值为 0.435，非沿黄县市区为 0.379；河南省内各沿黄县市区平均评价值为 0.400，非沿黄县市区为 0.325)。

1. 村庄密度与规模

村庄密度与规模指标包括村庄密度及村庄规模两个层面内容。山东省村庄密度与规模评价结果在空间分布上较为均质，沿黄地区相对更高；河南省村庄密度与规模评价值则呈现出明显的地区差异，东北部地区高，西部、南部地区低(图4-25)。

通过均值检验法判断两省之间、两省境内沿黄与非沿黄县市的村庄密度与规模差异。从结果来看，山东省与河南省无显著差异(山东省各县市区平均评价值为 0.216，河南省为 0.217)。山东省境内沿黄县与非沿黄县市区无明显差异(沿黄县市区平均评价值为 0.222，非沿黄县市区为 0.212)；而河南省境内沿黄县市区则优于非沿黄县市区(沿黄县市区平均评价值为 0.274，非沿黄县市区为0.201)。

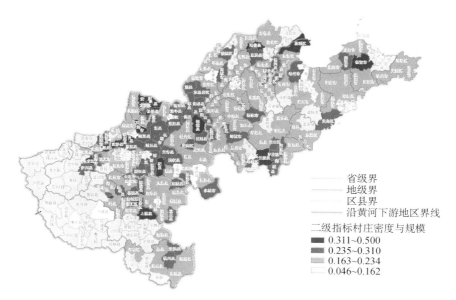

图 4-25　黄河下游山东、河南两省各县市区村庄密度与规模评价

1）村庄密度

从村庄密度上看,山东省的村庄密度相对低于河南省。山东省村庄密度较高的县市区集中在黄河北岸;河南省村庄密度较高的县市区集中在豫南和豫中地区(图 4-26)。

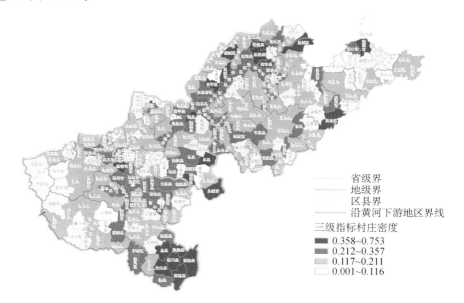

图 4-26　黄河下游山东、河南两省各县市区村庄密度

通过均值检验法判断两省之间、两省境内沿黄与非沿黄县市区的村庄密度差异。从结果来看,两省无显著差异(山东省各县市区平均评价值为0.200,河南省为0.204);山东省内沿黄地区村庄密度高于非沿黄地区(沿黄县市区平均评价值为0.230,非沿黄县市区为0.172),河南省沿黄与非沿黄县市区无显著差异(沿黄县市区平均评价值为0.199,非沿黄县市区为0.205)。

2)村庄规模

从村庄规模上看,两省中村庄规模最大的县市区集中在豫东北,即河南省沿黄地区,以及山东省的菏泽、临沂、烟台等地市。河南省的村庄人口规模呈现明显的圈层差异,以豫东北为最大,其次是豫中、豫东地区,豫西、豫南村庄人口规模最小;山东省则相对比较均质(图4-27)。

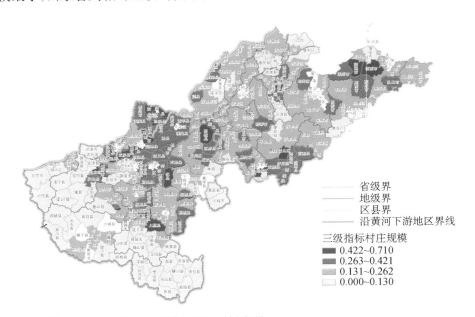

省级界
地级界
区县界
沿黄河下游地区界线

三级指标村庄规模
0.422~0.710
0.263~0.421
0.131~0.262
0.000~0.130

图4-27　黄河下游山东、河南两省各县市区村庄规模

通过均值检验法判断两省之间、两省境内沿黄与非沿黄县市区的村庄规模差异。从结果来看,两省同样无显著差异(山东省各县市区平均评价值为0.230,河南省为0.229);山东省境内沿黄与非沿黄地区的村庄规模无显著差异(沿黄县市区平均评价值为0.215,非沿黄县市区为0.245),河南省沿黄地区村庄规模显著大于非沿黄地区(沿黄县市区平均评价值为0.338,非沿黄县市区为0.197)。

2. 乡村居住环境

由于乡村的住房建设形式多以自建房为主,衡量乡村居住环境即住房情况的优劣,主要包含质和量两方面内容,因此选择指标为人均住房面积和使用卫生厕所的比例两项。图中数值越大、颜色越深,代表该地区乡村居住环境质量越好(图 4-28)。

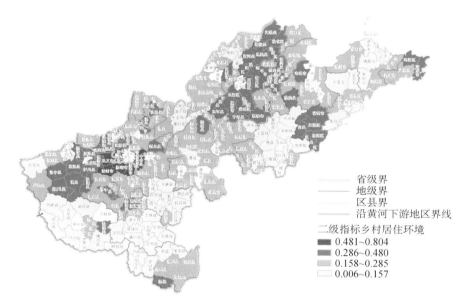

省级界
地级界
区县界
沿黄河下游地区界线
二级指标乡村居住环境
■ 0.481~0.804
■ 0.286~0.480
□ 0.158~0.285
□ 0.006~0.157

图 4-28　黄河下游山东、河南两省各县市区乡村居住环境评价

可以看出,山东省乡村居住环境最好的地区集中在滨州—济南—淄博—泰安等沿黄地区,其他地区相对较为均质,而鲁中山区和胶东丘陵地区居住环境有待提升。河南省居住环境最好的地区为郑州下辖县市区,其次是洛阳、焦作下辖县市区;豫中、豫东北地区居住环境相对较好,豫南地区相对较差。

通过均值检验法判断两省之间、两省境内沿黄与非沿黄县市区的乡村居民居住环境差异。从结果来看,山东、河南两省整体无明显差异(山东省各县市区平均评价值为 0.237,河南省为 0.248);山东省境内沿黄县市区优于非沿黄县市(沿黄县市区平均评价值为 0.262,非沿黄县市区为 0.215),而河南省境内沿黄与非沿黄县市无明显差异(沿黄县市区平均评价值为 0.254,非沿黄县市区为 0.245)。

3. 乡村基础设施

由于排水、燃气、垃圾收集等基础设施项目在其他层面已经有所体现,集中供暖设施在乡村地区基本没有建设,而电力设施在中东部省份基本已经普及,乡村基础设施建设水平的衡量主要体现在道路建设和集中供水上。图中数值越大、颜色越深,代表该地区乡村基础设施建设水平越高(图 4-29)。

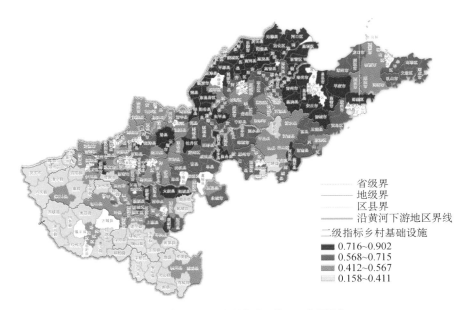

图 4-29　黄河下游山东、河南两省各县市区乡村基础设施配置水平评价

可以看出,山东省基础设施建设整体水平较高,其中鲁西北地区以及东营、淄博、潍坊等北部沿海地区基础设施建设水平最高,泰安、临沂等山区和烟台等胶东丘陵地区基础设施建设水平较差。河南省的基础设施建设水平区域差异明显,其中豫东北地区相对较高,豫西、豫南地区较低。

究其原因,地形地貌对基础设施建设水平有较大影响,直接决定基础设施建设的成本和难易度。这一方面山东体现得比较明显,位于黄河入海口冲积平原乡村的基础设施建设水平均较高,而中部山区基础设施水平则较低。其次,经济发展水平对乡村基础建设的影响比较大,经济发展水平较高地区的基础设施建设较为完善,这一特征在河南省体现得较为明显。另外,乡村基础设施建设除了政府投资,在组织建设及管理层面更多是靠村民自发进行,所以村庄密度高、规模大、村民居住较集中的地方,基础设施建设往往较为完善。

通过均值检验法判断两省之间、两省境内沿黄与非沿黄县市的乡村基础设施差异。从结果来看,山东省优于河南省(山东省各县市区平均评价值为 0.670,河南省为 0.499);两省境内沿黄县市区均显著优于非沿黄县市(山东省内各沿黄县市区平均评价值为 0.716,非沿黄县市区为 0.628;河南省内各沿黄县市区平均评价值为 0.609,非沿黄县市区为 0.467)。

1)道路建设

道路建设水平主要由通村路硬化率、村内道路硬化率和有路灯比例三项指标来衡量。图中数值越大、颜色越深,代表该地区乡村道路建设越好(图 4-30)。

图 4-30 黄河下游山东、河南两省各县市区乡村道路建设水平评价

可以看出,山东省道路建设水平整体较高,其中水平相对较低的县市区主要分布在山地、丘陵地带。河南省道路建设水平差异较大,豫东、豫北地区建设水平相对较高,豫西、豫南地区相对较低。

通过均值检验法判断两省之间、两省境内沿黄与非沿黄县市的乡村道路建设差异。从结果来看,山东省优于河南省(山东省各县市区平均评价值为 0.754,河南省为 0.643);山东省境内沿黄与非沿黄县市区无明显差异(沿黄县市区平均评价值为 0.757,非沿黄县市区为 0.752),而河南省境内沿黄县市区则优于非沿黄县市区(沿黄县市区平均评价值为0.729,非沿黄县市区为0.617)。

　　2)供水情况

　　供水情况主要由县市区内通入集中供水的村庄比例来衡量。图中数值越大、颜色越深,代表该地区乡村集中供水情况越好(图4-31)。

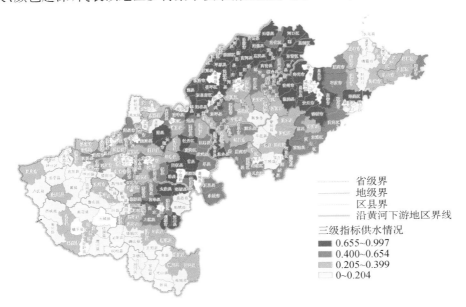

　　省级界
　　地级界
　　区县界
　　沿黄河下游地区界线
　　三级指标供水情况
　　■ 0.655~0.997
　　■ 0.400~0.654
　　■ 0.205~0.399
　　□ 0~0.204

图4-31　黄河下游山东、河南两省各县市区乡村供水情况评价

　　可以看出,山东省供水情况整体优于河南省。山东省境内,黄河北岸地区以及东营、淄博、潍坊等北部沿海地区集中供水比例最高,鲁西南、鲁南地区、东部沿海地区其次,泰安、临沂等山区和烟台等胶东丘陵地区集中供水比例较低。河南省境内,豫东地区集中供水比例相对较高,而豫西、豫南地区相对较低。

　　通过均值检验法判断两省之间、两省境内沿黄与非沿黄县市的集中供水情况差异。从结果来看,山东省优于河南省(山东省各县市区平均评价值为0.564,河南省为0.319);两省境内沿黄县市区均明显优于非沿黄县市区(山东省内各沿黄县市区平均评价值为0.664,非沿黄县市为0.472;河南省内各沿黄县市区平均评价值为0.457,非沿黄县市区为0.279)。

4. 结论

　　(1)从村庄密度与规模上看,作为传统农业区的沿黄地区在历史上即为人口相对密集的地区,因此区域内乡村地区人口密度总体上高于非沿黄地区。山东省体现在沿黄地区的村庄密度高,河南省则表现在沿黄地区的村庄规模大。

（2）从乡村居住环境上看,两省居住环境较好的地区都集中在省会周边地区,其中河南省表现更为突出,郑州、洛阳、焦作下辖县市区乡村居住环境明显优于省内其他地区。一方面说明居住环境受经济发展水平、地方政策倾斜影响较大,另一方面体现了地形对于居住环境改善的限制。

（3）从乡村基础设施上看,山东省普遍建设水平较高,仅部分山区、丘陵地区相对较低;而河南省建设水平相对较高的地区集中在豫东北地区,即经济相对发达的地区。说明乡村基础设施的建设受到地形、经济发展水平和地方政策的多重影响。

4.3　结论

从山东、河南两省各指标评价结果的空间差异上看,可以总结出以下特征。

（1）乡村建设和管理方面的指标,如社会服务设施配置、村庄规划、村庄建设管理、道路建设、住房情况等,体现出与乡村经济发展水平正相关的趋势,即随着乡村经济发展水平提高,乡村建设和管理水平相应提高。

（2）污染治理、基础设施建设方面的指标,如排水设施、供水设施、道路建设、乡村面貌、乡村景观等方面的指标,除经济发展水平外,还体现出与地形、村庄规模正相关的趋势,即平原地区规模相对比较大的村庄,基础设施建设和污染防治水平较高,这也符合基础设施建设的成本—收益标准。

（3）在社会保障、村庄规划等受政策影响较大的指标方面,两省之间的差异大于省内差异,体现了政策对于人居环境的关键影响。

（4）大城市周边,如两省省会城市群下辖的县市区,其乡村人居环境水平受到区域经济发展水平、政策倾斜等因素的正向影响,一般高于其他地区。

对比两省沿黄地区和非沿黄地区,沿黄地区乡村人居环境在整体上优于非沿黄地区,优势主要体现在基础设施建设、农业发展、社会服务设施配置、村庄密度与规模、乡村景观等方面。从各个优势指标可以看出,山东省内沿黄地区的优势主要产生于地形和村庄规模,而河南省则是产生于区域经济发展水平、地形和村庄规模三个方面的叠加,因此优势更为明显。

第5章　黄泛平原乡村人居环境

黄泛平原位于华北平原中部,属于黄河冲积平原。作为华北平原四个亚区平原之一,土质疏松沉积、地势平坦、光照充足、热量丰富,适宜大田农作物的集中规模化耕种,是华北地区重要的农业生产基地,也是我国小麦、玉米、棉花等粮棉油作物的重要产地之一。同时,齐鲁文化与中原文化交相辉映,使得黄泛平原乡村文化厚重多元,民间艺术形式多种多样。本章选取的黄泛平原典型地区主要包括山东省的菏泽、济宁、聊城和德州市。

5.1　生态:土壤沙化突出,治理成效显著

土地沙化现象是黄泛平原长期以来存在的主要生态问题,既影响农作物产量和质量,也易导致水土流失,淤积河道引发水患。该地区土地沙化的成因主要有以下几个方面:①历史原因:黄河下游多次决口、泛滥和改道,水退沙留,除潮土外,形成了大量的风沙土,极易发生风力侵蚀,造成土地沙化[1];②自然原因:黄泛平原处于暖温带季风气候区,属于半湿润大陆性气候,季节性风季和旱季同步,且多发生在冬春季,降水较少,但风速较大,加速了地表土壤水分的蒸发,致使裸露、干燥的土壤沙化严重;③人为原因:由于黄泛平原耕作土壤下层主要为沙质沉积物,有效耕作层较浅,但该地区人口密集,对土地依赖性大,进一步加重了土地沙化的现象。此外,大规模的引黄灌溉工程建设也带来了新的沙源,大量引黄泥沙和河道淤泥沙,或淤积在沉沙池,或输沙入田,土地沙化极易加重。

长期以来,黄泛平原地区人民通过植树造林固沙防风,这种土地沙化治理方式促进了当地农林一体化发展。早在清朝后期,村民便在土地四周成行栽植灌木形成"条格子",所构成的林网少则一二亩,多则三五亩;所种植的灌木多为杞柳、白蜡、桑、柽柳等,每年还可采收条子供编织用,从而产生附加收益[2]。新中国

① 王友胜.淮河流域黄泛区风水侵蚀格局及其驱动因子研究[D].泰安:山东农业大学,2012.
② 牛润民,黄学礼,吴可,等.菏泽市沙化土地现状与防治对策[J].山东林业科技,2005(3):86-87.

成立以后,该地区以政府作为主体,开展大范围的植树造林行动和井灌井排旱涝盐碱综合治理工程,土地沙化趋势得到有效遏制,农业抵御自然灾害的能力明显增强[1]。

5.2　经济:农业高效多元,电商蓬勃发展

5.2.1　传统粮油基地,生产提质增效

黄泛平原乡村的耕种传统悠久,农业长期在乡村地区占据主导地位。当地农作物以小麦和玉米为主,间或种植棉花等,是我国小麦、玉米、棉花等粮棉油的主要生产区之一。截至 2018 年年底,位于黄泛平原的菏泽、济宁、聊城、德州等 4 个地市,其粮食作物种植面积 379.530 万公顷,占山东省全省的45.16%[图 5-1(a)];粮食作物总产量 2 467.46 万吨,占山东省全省的 46.39%[图 5-1(b)]。

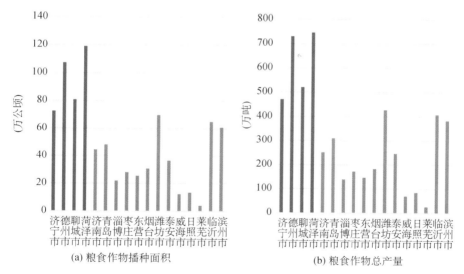

图 5-1　2018 年山东省各地市粮食作物播种面积及产量
资料来源:《山东统计年鉴(2019)》。

① 王介勇,刘彦随,陈玉福. 黄淮海平原农区典型村庄用地扩展及其动力机制[J]. 地理研究,2010,29(10):1833-1840.

相对平坦的地势为推广农业机械化生产提供了良好的先天条件。随着农业生产技术发展,黄泛平原地区农业现代化发展水平逐步提高。以曹县为例,作为菏泽市首家"国家农业产业化示范基地""省级现代农业示范区",粮食作物种植面积常年稳定在 300 万亩,总产量保持在 150 万吨。2017 年,曹县建设高产示范方 3.7 万亩、节水灌溉农田 30 万亩,粮食生产实现"十四连增";新建现代农业园区 11 个、设施蔬菜 2 万亩、特色经济林 1.6 万亩,创建国家级畜禽标准化示范场 2 处、省级 4 处,2 个乡镇、117 个村达到市级专业镇村建设标准。

5.2.2　特色农业发展,激活乡村工业

结合自身农业基础和自然条件,坚持高效化和特色化原则,黄泛平原地区积极培育了相当数量的特色农产品乡村和产业基地,农业从传统的粮油畜牧业逐步扩展出苗木、花卉、水产和林果等特色产业。以济宁市为例,金乡县通过创新"大蒜—棉花—蔬菜"立体种植技术,形成了享誉国内外的大蒜种植特色产业;邹城市看庄镇立足自身土质肥沃但干旱缺水的现实条件,开发出了无公害土豆等旱作高效特色农产品;任城区李营镇通过平整改造原有废弃沙坑,培育出了江北最大的落叶乔木繁育经营基地等。此外,菏泽花卉和中药材、乐陵金丝小枣、齐河西瓜、武城辣椒、冠县樱桃、莘县蘑菇、东明西瓜等发展态势喜人,黄泛平原乡村特色农业发展日益多元化和规模化。

黄泛平原地区长期以保证粮油产量为农业发展主要目标,乡村工业基础相对薄弱。随着特色农业日益丰富多元,催生了诸多与当地农业生产高度关联的乡村工业企业。其中,除了农药、化肥、农业机械等为农业生产服务的工业企业外,主要是大量的特色农副产品加工企业。以菏泽市为例,依托当地丰厚的农副产品生产基础,已衍生出农副产品加工产业企业 2 000 多家,占规模以上企业的50% 以上,实现主营业务收入 3 000 多亿元;食品加工业、牡丹籽油加工等已逐步形成规模化、集群化的态势[1]。农副产品加工业中不乏相当数量的劳动密集型企业,不但有效带动了当地经济发展水平提升,也为乡村地区剩余劳动力提供了多

---

[1]　毛雨薇,赵宁,王德信.菏泽市农产品深加工业发展现状及策略分析[J].农村经济与科技,2019,30(7):185-187.

元化的就业选择,促进了乡村地区的就地城镇化进程。

5.2.3　淘宝经济发达,促进城乡融合

　　黄泛平原地区乡村整体经济发展水平在山东省处于相对落后的位置。近年来随着电商行业的发展,乡村电商、淘宝村异军突起,成为乡村经济发展的新兴力量。通过 2019 年山东省村庄统计数据来看,菏泽和济宁两市发展电商的乡村数量在山东省分居第一位和第三位;菏泽市更是接近 1/3 的乡村发展了电商产业,电商乡村的比例也在山东省各地市中独占鳌头(图 5-2)。菏泽市电子商务同时极大地激发了当地的创业热情。近年来,7.5 万名菏泽籍在外人士返乡创业就业,带动了 21.5 万人就业,电子商务发展的影响力在山东省乃至国内迅速扩大。菏泽市被认定为"全国电子商务示范城市""山东省电子商务示范城市",4 个县区被评为"山东省电子商务示范县",9 个县区成为阿里巴巴"千县万村"计划的试点县。

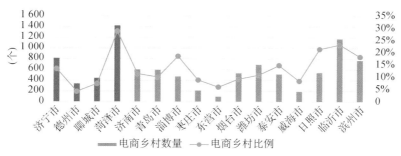

图 5-2　2019 年山东省各地市电商乡村数量和比例
资料来源:2019 年山东省村庄基本情况摸底调查数据库。

　　菏泽市乡村电商产业总体呈现"从小到大、从点到面"的发展态势。曹县大集镇丁楼村经营影楼布景和服饰加工作坊的三户村民,通过在淘宝网站上开设网店获得了数量可观的订单,并快速吸引了越来越多的村民和回乡创业的年轻人加入。这种电商模式通过乡村熟人关系网络得以快速传播,"淘宝经济"从此进入了高速发展轨道。阿里研究院发布《中国淘宝村研究报告(2018)》显示:截至 2018 年,曹县淘宝村数量达 113 个,电子商务销售额达 158 亿元,电商企业

3 850 家,网店 5 万余家,电商带动 20 万人创业就业,其中返乡创业人员 5 万人,
成为全国第二个"超大型淘宝村集群"、全国最大的演出服产业集群①。

　　菏泽市政府高度重视、积极扶持乡村电商经济发展,建成了市、县、乡、村四
级电商服务站点体系;同时坚持"线下电商产业园"和"线上特色馆"建设齐头并
进,乡村地区的淘宝经济实现了指数级增长。当地在"网店＋工厂＋网络分销"
的大集模式的基础上,衍生出"村淘 3.0"激活淘宝村的郓城模式、互联网催生小
微产业裂变膨胀的定陶湾子张村模式、跨境电商的鄄城模式和电商整合区域产
业的天华模式等多种电商发展模式,成为电子商务发展"江北第一市"。菏泽市
通过探索以淘宝村培育为突破口的乡村电子商务特色化发展之路,有效带动了
乡村地区经济持续健康发展②。

　　以"淘宝村"为代表的乡村电子商务发展,重构了乡村地区的社会、经济环境
与物质空间系统③。淘宝村建立起了一种流动空间结构,乡村居民在交通和信息
技术支持下无须人口迁移便能实现人口、资本、商品、信息和技术的实时流动和
深度共享。基于流空间的电子商务摆脱了贸易对空间区位、距离的依赖,重塑了
城乡间商品交易模式,促成了新型城乡关系网络,为城乡融合发展提供了一条可
行的路径④。

5.3　社会:传统文化深厚,民俗文化丰富

5.3.1　生育意愿较高,性别偏好明显

　　根据 2010 年第六次人口普查结果,黄泛平原地区相对于山东省其他地区乡
村人口出生率相对较高,乡村常住人口出生率均高于 13‰。因其较为庞大的乡

---

①　阿里研究院. 中国淘宝村研究报告[P/OL]. 2019-09-16. http://www. aliresearch. com/Blog/Article/
　　detail/id/21853. html.
②　菏泽市委讲师团课题组. 山东菏泽农村电商发展正当时[J]. 山东干部函授大学学报(理论学习),2018
　　(7):24-28.
③　罗震东、陈芳芳、单建树. 迈向淘宝村 3.0:乡村振兴的一条可行道路[J]. 小城镇建设,2019,37(2):
　　43-49.
④　王林申,运迎霞,倪剑波. 淘宝村的空间透视——一个基于流空间视角的理论框架[J]. 城市规划,
　　2017,41(6):27-34.

村人口基数,其乡村出生人口占山东省乡村出生人口的 41.3％(图 5-3)。

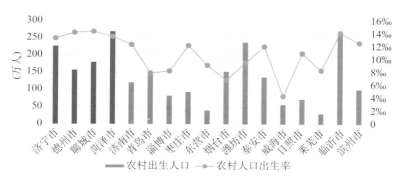

图 5-3　2010 年山东省各地市乡村人口出生数及出生率
资料来源:全国第六次人口普查。

　　根据 2010 年第六次人口普查数据,黄泛平原四地市乡村人口出生性别比为
125.99(以女性为 100),高于山东省平均水平(120.90),体现出较为明显的"男孩
偏好"。其中,除德州市外,济宁、聊城、菏泽等地的乡村人口出生性别比均达到
了 125.00 以上(图 5-4)。

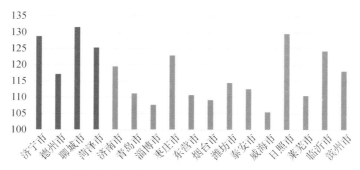

图 5-4　2010 年山东省各地市乡村人口出生性别比
资料来源:全国第六次人口普查。

　　从 2016 年山东省统计局全省 1％人口抽样调查中育龄妇女的理想孩子数、
二孩生育意愿等数据来看,山东各地的生育意愿呈现出从胶东半岛向鲁西南逐
渐提高的趋势。其中,黄泛平原地区菏泽、聊城、德州、济宁四市分别为 1.92 个、
1.86 个、1.74 个和 1.80 个,其生育意愿和生育水平在山东省内处于较高水平。
　　究其原因有以下两个方面:一是黄泛平原地区儒家思想中"不孝有三,无后
为大""养儿防老""多子多福"等传统观念的影响根深蒂固,在乡村地区尤为盛

行。根据调研中对菏泽市某乡镇的调查发现,认为"一定要有个男孩"的乡村居民占61%,其中23%的乡村居民生育男孩的主要原因是家族面子(28%)和传宗接代(23%)。二是2000年后强制性的计划生育措施废止的同时,一系列惠民增收政策逐步减轻了乡村居民育儿负担;同时,在土地征用、赔偿乃至集体收入分配中以家庭人口作为单位的经济核算方式,使得农民生育潜在的正向收益远远大于负向收益,进一步刺激了乡村地区的生育积极性。

5.3.2   公服较为普及,设施布局均衡

整体来看,黄泛平原地区地势平坦,村庄分布密集,且自然村规模较大。从2019年山东省各地区村庄公共服务设施配置和使用情况来看,该地区在医疗、文化、养老设施的配置上基本持平全省平均水平,配置比例分别为57.93%、57.81%、16.36%,服务效率分别为6.05个/万人、6.04个/万人、1.71个/万人,村民在家门口都能享受到便捷的公共服务[图5-5(a)]。在教育设施上,幼儿园与小学的配置比例[1]和服务效率[2]均高于山东省平均水平,配置比例分别为27.90%、21.14%,服务效率分别为2.91个/万人、2.21个/万人[图5-5(b)],同时幼儿园覆盖率[3]为0.20个/平方千米,小学覆盖率为0.15个/平方千米,也同样高于全省平均值,因此村民子女就学相对方便,满意度相对较高。

从黄泛平原地区内部来看,各项公共服务设施配置水平仍存在较为明显的差异。

教育设施配置上,黄泛平原地区乡村学校历经多次撤并,目前以集中布置形式为主。大部分村庄内只保留幼儿园,小学、中学集中分布在规模较大的村或者镇驻地。黄泛平原地区内,菏泽市较早开展了乡村基础教育设施规划,如郓城县在2017年发布了《郓城县农村小学布局调整实施方案》,对乡村小学布局进行相关调整,按照小学设置原则,保留乡村公办小学172处(平均每4个村庄设置1所小学),另外还设有94处教学点,因此幼儿园、小学配置比例较高(幼儿园为

---

[1]   配置比例即该项公共服务设施的数量与村庄总数的比例(如医疗点数量/村庄总数),下同。
[2]   服务效率即每万人拥有该类公共服务设施的数量(个/万人),下同。
[3]   覆盖率即每平方千米设置该类公共服务设施的数量(个/平方千米),下同。

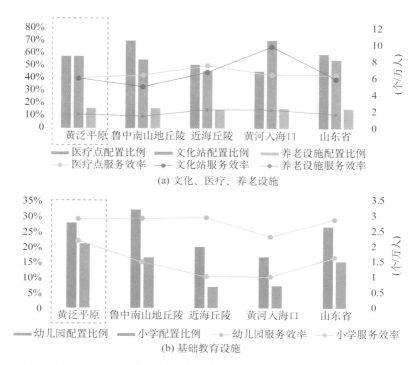

图 5-5　2019 年山东省各地区村庄公共服务设施配置和使用情况
资料来源:2019 年山东省村庄基本情况摸底调查数据库。

54.23％、小学为 44.37％),接近其他三个地市的两倍;同时,菏泽市 1 000 人以上规模的村庄有 3 880 个,占全市的 78.54％,远高于黄泛地区的平均值 34.54％,单个村庄规模较大,因此菏泽市教育设施不仅配置比例高,服务效率也居黄泛平原地区之首[图 5-6(a)]。

　　实地调查中,村内建有标准幼儿园和小学的村庄,如菏泽市郓城县六合苑社区,村民子女大多在本社区上幼儿园和小学,满意度较高。而本村内不设小学的村庄,如杨庄集镇南何村,村民子女大多在杨庄集镇上小学,在对村民的访谈中发现,集中办学后,村民认为学校教学质量确实较原村办小学好一些,且搭乘校车去镇里上学也较为方便,因此对这一政策也较为接受。

　　医疗设施方面,黄泛平原四市中,菏泽市与济宁市医疗点配置比例较高,分别为 70.55％ 和 75.83％;聊城市与德州市配置比例较低,分别为 53.41％ 和 39.94％。但由于村庄规模的地域差异,德州市医疗点的服务效率为 7.40 个/万

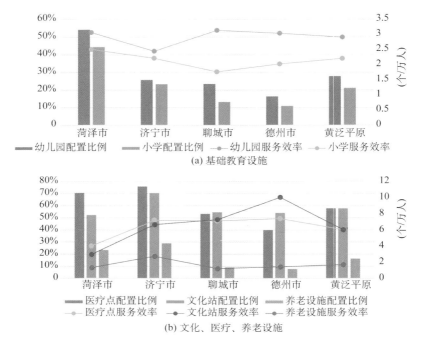

图 5-6　2019 年黄泛平原地区各地市村庄公共服务设施配置和使用情况
资料来源:2019 年山东省村庄基本情况摸底调查数据库。

人,远高于黄泛地区的平均值 6.05 个/万人;而菏泽市虽然配置比例高,但服务效率低于区域平均水平,仅为 4.00 个/万人[图 5-6(b)]。从菏泽市的调研情况看,由于村卫生室可以满足村民一般疾病的治疗需求,村民对于村卫生室整体评价较为满意;但村医中执业(助理)医师占比小、年龄老化、队伍不稳定、后继乏人,严重制约了基层医疗卫生能力和水平的提升。另外,基层首诊、双向转诊、急慢分治、上下联动的分级诊疗服务体系尚未全面形成,使得基层医疗卫生服务水平不尽如人意。菏泽市人民政府在《菏泽市医疗卫生服务体系规划(2016—2020年)》中要求,优先保障基本医疗服务的可及性,通过加大各级政府投入、对口支援、建立医联体、医疗集团等方式,完善基础设施,促进分级诊疗,强化人才建设,重点加强全科医生培养和基层网底建设,并要求原则上按 2 000~4 000 人的服务人口设置 1 所村卫生室,按照每千服务人口不少于 1 名的标准配备乡村医生,每所村卫生室至少有 1 名执业(助理)医师或具备专科以上学历的乡村医生。经过多年建设,村民对于基层医疗卫生设施的满意度大幅提高。

　　养老设施方面,黄泛平原地区养老设施配置比例仅为 16.36%,菏泽市与济宁市的比例稍高,分别为23.42%与29.05%,而聊城市与德州市比例稍低,仅为9.18%与7.74%[图5-6(b)]。养老设施数量分布的差异化,一方面是由于各地区人口结构的差异,老龄化程度不一;另一方面也与村庄规模息息相关,菏泽市与济宁市村庄规模大多在1 000人以上,大规模的村庄对养老设施的需求更大,也更需要集中布置。

文化设施方面,山东省乡村公共文体设施不断完善,文化活动室(文化大院)、文化健身广场、农家书屋、阅报栏、网络场所等基本的文体设施,已经在乡村广泛地建立起来,村里基本都有文体娱乐场所,只是类型上有差异①。黄泛平原地区有57.81%的村庄拥有文化站,但在实际调查中发现,文化设施存在着设施陈旧、类型单一、更新频率低等运营问题,使得乡村居民对文化设施的利用效率较低。另外,随着乡村物质生活水平的提高,乡村居民开始追求多样化、高层次的文化生活。然而,很多乡村的文化活动形式多局限于广场舞和放电影,而传统曲艺表演等乡村居民喜闻乐见的艺术形式则相对较少。

5.3.3　儒学根基深厚,武术戏曲之乡

黄泛平原尤其是鲁西南地区的儒家思想历史悠久,济宁市作为儒家思想的发祥地更被誉为"孔孟之乡"。儒家思想是中华传统历史文化的重要组成部分,以"孝""悌""仁""义"为核心的道德伦理价值对黄泛平原地区的乡村文化产生了广泛而深远的影响,也成为当地的乡村治理之魂。

近年来,黄泛平原地区广泛开展了乡村儒学发扬工作,让传统文化在乡村地区扎根,形成了颇具特色的"乡村儒学现象"。曲阜市开展"一村一座儒学书屋、一村一台儒学新剧、一家一箴儒学家训"等活动,村村都建有"孔子学堂",志愿者踊跃担任儒学教师,乡村儒学已渗透到当地的家家户户。坐落于尼山脚下的圣源村以村内主街为界,分为传统文化示范和社会主义核心价值观两个区域,两区内分别以"乐慈、乐耕、乐仁、尚勤、尚俭、尚善"等主题打造了26个文化主题胡同,家家户户都有不同内涵的家风传承牌匾,孔子学堂里坐满听课的村民,村落

---

① 周新辉,刘佳.农村公共文化服务体系建设现状及多维思考——以山东省为例[J].安徽农业科学,2017,45(22):203-206,246.

虽小却处处洋溢着文明之风。

　　黄泛平原的民间武术文化源远流长,其中以菏泽和聊城最为著名。菏泽市郓城县是全国闻名的水浒故里、武术之乡。郓城人自古以尚武、豪爽侠义而闻名,"梁山一百零八将,七十二名出郓城",历来为武林志士云集之地。郓城在谱的武术达到 20 余种,武术活动遍布城乡,乡村地区男女老幼练武者到处可见,当地村民习武练功的习惯也正是其成为"长寿之乡"的重要原因之一。聊城素有"江北水城"之称,运河文明孕育了延绵数百年的武林文化,冠县查拳、临清肘捶、临清弹腿、梅花桩拳、东阿二郎拳等项目被国务院和山东省人民政府列入国家级和省级非遗保护名录。

　　黄泛平原运河文化以德州市为典型代表。当年德州运河上"舳舻首尾相衔,密次若鳞甲",运河两岸商贾云集,德州仓为运河沿岸的四大名仓之一①。繁盛的运河漕运和经济交流使得"运河崇拜"在德州深入人心,早已成为历史文化的重要组成部分,少数村庄中仍可见当年祈福河神的河神庙。

　　黄泛平原的民间戏曲文化同样历史悠久、品类繁多。全国四大古老剧种之一柳子戏、全国独有剧种枣梆均发源于此,山东梆子、两夹弦、琴书、平调、四股弦等特色地方剧种的故事性强、情节生动、朴实自然,充满感情和生活气息,极大地丰富了乡村文化生活。时至今日,每逢春节、秋收以及红白喜事时,搭台唱大戏仍然是诸多村庄一年中最重要的民俗活动之一。

5.4　人居空间:村庄密集均质,形态布局规整

5.4.1　自然村规模大,分布密集均质

　　黄泛平原地区乡村人口总量多,地势相对平坦,自然村人口规模普遍较大。根据第三次农业普查公报和各地市统计年鉴,截至 2016 年年底,聊城市、济宁市、德州市、菏泽市自然村平均人口规模分别为 738 人、486 人、873 人、592 人。以菏泽市郓城县为例(根据 2016 年调研结果),100 户以下村庄只有 30 个,仅占

---

① 李龙骁. 德州地区运河船号调查与研究[D]. 济南:山东大学,2017.

所有村庄的 3.0％,100～200 户村庄占 24.0％,200～500 户村庄占 55％,超过 500 户的村庄占比达到 18％。

　　黄泛平原地区地势平坦开阔,自然条件基本相同,村庄建设发展限制因素较少。在人口上,黄泛平原地区人口总量较高,根据山东省第七次人口普查公报,截至 2020 年 11 月,菏泽、济宁、聊城、德州四地市的常住人口占山东省的 28.3％;且该地区城镇化率仅为 54.4％,较山东省平均水平(63.1％)低 8.6 个百分点,乡村常住人口总量占山东省的 34.9％;在空间上,该地区乡村多以小农作业的耕作距离为限,村庄分布较为密集均质,自然村距离大多不足 1 千米(图 5-7)。

图 5-7　黄泛平原村庄分布实例:济宁市梁山县徐集镇
资料来源:山东省天地图。

　　黄泛平原的村落多邻近农田和水系自由生长,几个村庄连绵发展的现象也较为常见。例如郓城县双桥镇的马集村、后劳豆营村、前劳豆营村、机房村、李垓村等村庄规模都比较大,几个村无明显边界,村落连绵发展,呈现出多个村庄同属一个自然村的特殊情景。因此,在黄泛平原地区常常出现自然村数量与村庄数量持平甚至更少的情况(图 5-8)。

5.4.2　空间形态规整,多为棋盘布局

　　结合平原地形地貌,乡村居民点多采用集中式布局以提高道路和市政基础

图 5-8　黄泛平原村庄连绵发展实例：菏泽市郓城县双桥镇
资料来源：山东省天地图。

设施的使用效率。因该乡村地区冬季寒冷，村居多结合日照需求采用正南正北朝向；村内道路多以直线形为主，建筑与道路平行或垂直，形成较为规整的"棋盘式"的街巷空间形态。

　　菏泽市郓城县杨庄集镇南何村遵循典型的方形块状布局，村内路网横平竖直，村居建筑依路网发展，紧凑集中分布，这种规整紧凑的空间形式使得乡村空间形态的秩序感较强，并有利于节约建设用地、保护周边耕地[图 5-9(a)]。部分村庄被县乡道穿越，在其两侧形成了两个或多个居住组团，并多由一条或几条笔直的道路贯穿连接，形成公共服务设施集中的主街；村内各居住组团仍多为方形或长方形形态，组团面积根据建设时序和人口规模略有差别[图 5-9(b)]。

(a) 菏泽市郓城县杨庄集镇南何村　　　　(b) 菏泽市曹县白蜡园村

图 5-9　黄泛平原村庄棋盘式布局实例
资料来源：山东省天地图。

黄泛平原地区在农村新型社区规划建设中综合考虑了土地集约、生活习惯以及避免村民安置分房过程中的户型攀比等因素,同样以棋盘式将社区划分为较为均质的空间单元,总体仍多呈现为规整的集中布局。以菏泽市郓城县六合苑社区为例。南赵楼镇借助压煤搬迁,整合康庄、邵垓、金庄、四里庄、郭庄、谭庄六个自然村建设了六合苑社区。社区居民点呈梯形分布,社区内道路脉络清晰,村民住宅呈行列式布局,建筑界面连续性较强,整个社区布局规整有序。同时,社区居民点充分结合景观轴线等要素进行了组团划分,利于延续原村居民的邻里关系(图 5-10)。

图 5-10　黄泛平原农村新型社区实例:郓城南赵楼镇六合苑社区
资料来源:山东省天地图。

5.4.3　环卫水平提升,基础设施改善

黄泛平原在乡村市政基础设施供给方面与全省平均水平相当。随着对改善乡村人居环境重视程度的提高,该地区乡村环卫设施和供水设施建设取得了长足进展,环卫设施仅次于黄河入海口地区,其中已改厕户数比为 66.73%,平均每8.97 户设置 1 个垃圾桶;供水设施则优于省内其他地区(94.23%)。而由于村庄规模一般较大,污水处理设施等的建设需要一定周期,建设水平略低于全省平均,分别为 14.30%和 5.13%(图 5-11)。

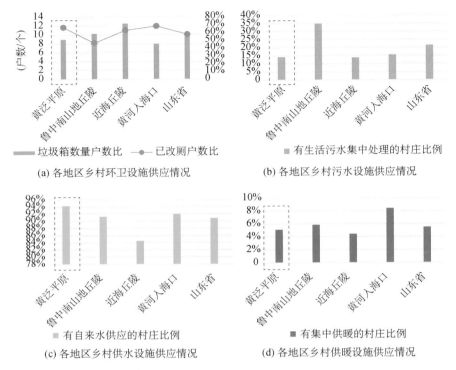

图 5-11 2019 年山东省各地区乡村基础设施配置情况
资料来源:2019 年山东省村庄基本情况摸底调查数据库。

在走访调研中了解到,半数村民将环卫和污水处理设施列为最需加强的乡村
基础设施。在环卫设施建设方面,黄泛平原地区乡村基本做到了生活垃圾统一回
收处置,如郓城县各村庄垃圾箱由县政府和镇政府共同出资购置,按照每 15 户一
个的原则向村庄下发,由村庄进行维护,镇级政府组织对镇域内生活垃圾进行统一
回收。改厕建设方面,截至 2019 年聊城市的改厕工作覆盖率最高,德州市尚低于
黄泛地区的平均水平[图 5-12(a)]。

在污水设施建设方面,目前黄泛平原地区的生活污水处理设施仍多以自排
为主,部分已建设施的维护存在资金和技术方面的困难。近年来黄泛平原地区
广泛开展了垃圾、厕所、污水治理"三大革命",乡村人居环境提升显著。以济宁
市为例,生活污水集中处理的村庄比例已经达到 25.77%,在黄泛平原地区处于
领先地位[图 5-12(b)]。

在供水设施建设方面,黄泛平原地区由于地下水资源相对丰富,乡镇都建有

自来水厂,供水设施供应充足,建设水平最低的济宁市的自来水供应村庄的比例也高达 87.10%,基本实现了村村通水[图 5-12(c)]。

在供暖设施建设方面,黄泛平原地区乡村供暖水平还有待提升,集中供暖的村庄比例仅为 5.13%,其中菏泽市集中供暖的村庄比例仅为 3.10%,据悉,菏泽市各县区乡村集中供暖设施正在持续建设中,截至 2019 年年底清洁取暖改造工程建设已开工 25 808 万户,开工率达 36.80%[图 5-12(d)]。

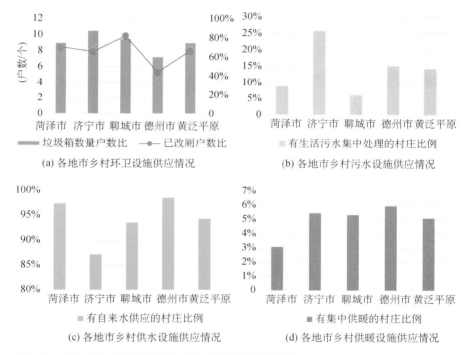

图 5-12　2019 年黄泛平原地区各地市乡村基础设施配置情况
资料来源:2019 年山东省村庄基本情况摸底调查数据库。

在道路建设方面,黄泛平原地区大部分乡村道路设施较为完善,基本实现村与村必要通达和每个村庄硬化 1~2 条穿村公路。镇村公交也有不同程度的发展,居民出行便捷、城乡联系频繁。但是部分村庄仍未实现村内道路全部硬化,村内支路和入户道路仍为砂土路或者土路。

第6章 黄河入海口乡村人居环境

黄河入海口地区是指包含东营和滨州两个地市的扇形区域,属于典型的河流沉积地貌。该地区北接河北省,东邻德州市和济南市,南接淄博市和潍坊市,东部与东北部滨临渤海湾。黄河在此与渤海交汇融合,大地景观苍茫悠远,动植物种类丰富;东营市建设有我国第二大油田胜利油田,能源资源储量丰富。在地广人稀、土壤盐碱以及黄河防洪等因素的影响下,黄河入海口乡村呈现出较强的地域特色。

6.1 生态:湿地生态优越,水土盐碱严重

入海口地区的黄河泥沙经过缓慢的沉淀累积,每年可造陆3万亩左右,是中国唯一能"生长"的土地(图6-1)。与之相伴而生的是以原始、旖旎的自然生态景观闻名于世的黄河三角洲湿地。黄河三角洲湿地是世界少有的河口湿地生态系统,这里水源充足、植被丰富,海淡水在此交汇,各类生物种类繁盛。迄今为止,黄河三角洲湿地已发现将近300种、600万只鸟类栖息,被国际湿地组织称为"鸟类的国际机场"[1]。

黄河入海口地区是我国盐碱地主要分布区之一。黄河泥沙中的盐碱成分与入海口地区海水型的浅层潜水共同作用,导致浅层地下水多为高矿化的咸水或卤水,加之低平的地势造成了地表排水不畅、地下径流滞缓、地下水位埋藏浅,土壤积盐导致土壤盐碱化严重。开展引黄灌溉工程以来,由于蓄水、排水工程不配套,以及渠道防渗率低和土地不平整等因素影响,引起了地下水位的抬高,地下水蒸发后的盐分聚集在土壤表层,从而加重了土壤盐碱程度[2]。

黄河入海口地区水资源整体匮乏。黄河三角洲地区地表水资源量为17.3亿

---

① 张中强. 最美湿地:神奇的"大地之肾"[J]. 资源导刊(地质旅游版),2015(11):6-29.
② 宋静茹,杨江,王艳明,等. 黄河三角洲盐碱地形成的原因及改良措施探讨[J]. 安徽农业科学,2017,45(27):95-97,234.

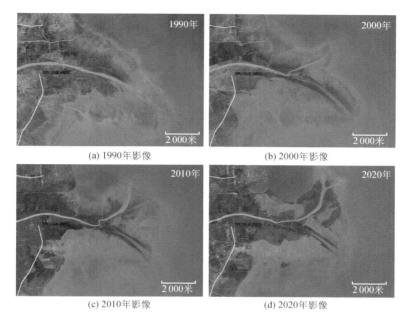

图 6-1　黄河入海口地区的土地"生长"（1990—2020 年）
资料来源：谷歌地球。

立方米，地下淡水资源量为 16.5 亿立方米，其中可供开发利用的为 5.75 亿立方米，人均占有量 334 立方米，仅为全国及全省人均占有量的 12.32% 和 71.9%。以滨州市为例，其人均水资源占有量仅为全国人均占有量的 14%，属于资源性缺水区；同时，浅层地下水苦咸，深层水高氟、高碘，又呈现典型水质型缺水特征①。

6.2　经济：土地规模经营，农业高效生态

黄河入海口地区是我国东部沿海土地后备资源最多的地区，可以作为耕地后备资源的未利用地规模较大。该地区地势平坦，适合大型机械化规模化作业，农业机械化水平较高。除此之外，东营市和滨州市积极开展乡村土地流转，呈现出流转方式多样化、流转主体多元化、流转管理日趋规范化的良好态势，有力地推动了农业增效和农民增收②。丰富的土地资源、较高的机械化水平以及有序的土地流转机

① 许经伟，潘莹. 黄河三角洲地区新农村建设中的生态环境问题及对策研究[J]. 黑龙江农业科学，2014
(3)：123-126.
② 杨山清，丁丽莉. 黄河三角洲地区农村集体土地流转问题研究——以东营、滨州市为例[J]. 山西农经，
2016(9)：23-24.

制,为黄河入海口地区发展现代化的生态高效农业提供了有利条件。

依靠现代农业技术,黄河入海口地区合理开发利用农业资源,保持区域内耕地面积稳中有增,合理调整粮经作物种植比例,逐渐形成了枣粮间作、"上农下渔"以及节水型生态农业模式等。"上农下渔"农业模式是指将农田分为"上"(台田)和"下"(鱼塘)两个部分,在台田上种植粮食作物,在低洼地挖塘养鱼(图6-2)。一方面,修筑台田降低了地下水位和淡水压盐程度,从根本上改造了土地中含盐量过高的问题;另一方面,鱼塘的存在则有利于形成适宜作物生长的小环境。"上农下渔"模式合理有效地利用了黄河入海口地区广泛分布的盐碱地,实现了治理与开发的协调推进,生态、经济和社会效益的综合提高①。

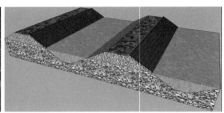

图6-2 黄河入海口地区"上农下渔"农业模式
资料来源:中国环境网《盐渍土土壤成因及其改良技术》。

黄河三角洲地区农民根据地区特点,因地制宜发展农业,形成了沾化冬枣、无棣小枣、阳信鸭梨等品类丰富的特色农产品,并且逐渐形成了规模化和产业化的生产经营模式,逐步形成了农业地理标志,提高了农产品的竞争力和农民收入水平。从2008年开始,黄河三角洲人均纯收入一直高于山东省平均水平②。以东营市为例,2008—2017年间的农民人均纯收入由5 869元增加到16 252元,增幅接近180%。

6.3 社会:多元移民汇集,文化朴实上进

6.3.1 历史移民频繁,来源构成广泛

黄河入海口地区是黄河携沙填海造陆的产物,土地资源丰富且具有极强的

① 郑军,史建民.山东省区域生态农业发展模式探析[J].中国生态农业学报,2006(2):203-206.
② 杨丹.黄河三角洲农业多功能性发展问题研究[D].淄博:山东理工大学,2014.

再生性,是全球土地生长最快的地区,而土地又是"唯以田土为生"的农民赖以生存的首要前提。因此,当历代政府面对人口压力或自然灾害时,黄河入海口地区便成为理想的移民疏散分流地①。新中国成立初期,黄河鲁西段出现决堤,鲁西南地区的上万受灾民众迁至利津、垦利、沾化等县;随后来自济南和泰安地区的五千余人也相继迁至垦利县。东平湖蓄洪区建设工程中,湖区周边的东平、梁山、长清、平阴等县的近两万居民被迁往垦利、利津、沾化等地。除去难以计数的古代移民和民间无序性移民,黄河入海口地区有统计数字的政府安置性移民约有二十余万①。

石油会战和胜利油田的开发建设是黄河入海口地区移民的另一主要原因,这也极大地丰富了该地区的移民群体构成。随着大庆、玉门、青海、甘肃、新疆、四川、北京、上海等地的油田机关、石油院校、科研人员和石油工人及其家属集团性地迁往入海口近海地区,"石油移民"在1964年时已达十几万人;具有黄河三角洲特色的大批国营农、林、牧场,也主要由以军人、工人、知识青年和刑拘劳教人员组成的移民所建。

6.3.2　基本服务较好,基础教育需加强

黄河入海口地区村庄规模相对较小,从2019年山东省各地区村庄公共服务设施配置和使用情况来看,该地区村庄规模集中在200～600人这一区间内,占所有村庄的50.58%(山东省平均34.92%),1 000人以上村庄仅占14.91%(山东省平均31.06%)。因此,该地区乡村公共服务设施配置比例相对较低,但服务效率相对较高。其中,医疗设施配置比例为46.19%,低于省内其他三个地区,服务效率为6.45个/万人,仅低于近海丘陵地区;文化设施配置比例为70.75%,服务效率为9.88个/万人,均远高于省内其他三个地区;养老设施配置比例为16.22%,与其他地区相当,但服务效率为2.26个/万人,仅略低于近海丘陵地区[图6-3(a)]。基础教育设施上,幼儿园、小学的配置比例(16.75%,7.30%)和服务效率(2.34个/万人,1.02个/万人)均低于山东省平均水平[图6-3(b)]。

---

① 李靖莉. 黄河三角洲移民的特征[J]. 齐鲁学刊,2009(6):57-60.

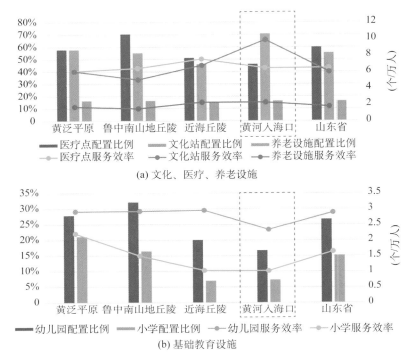

(a) 文化、医疗、养老设施

(b) 基础教育设施

图6-3　2019年山东省各地区村庄公共服务设施配置和使用情况
资料来源：2019年山东省村庄基本情况摸底调查数据库。

　　2019年黄河入海口地区的东营市和滨州市在乡村各类公共服务设施配置水平上体现出相对一致的趋势。除医疗设施外，东营市在其他设施配置比例、服务效率上均低于滨州市。

　　医疗设施方面，东营市和滨州市配置比例分别为48.23％和45.37％，二者差别较小，在服务效率上，东营市高于滨州市，前者为7.69个/万人，后者为6.04个/万人。养老设施方面，滨州市配置比例为17.57％，服务效率为2.34个/万人，高于山东省平均水平。文化设施方面，东营市和滨州市配置比例分别为59.49％和75.22％，服务效率分别为9.48个/万人和10.01个/万人，均远高于山东省平均水平［图6-4(a)］，表明黄河入海口地区的文化生活已形成规模，并逐渐向品质化的方向发展。乡村基础教育设施方面，滨州市在配置比例和服务效率上均高于东营市，但仍略低于山东省平均水平［图6-4(b)］。

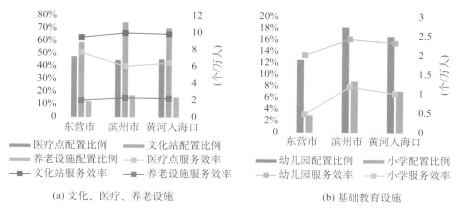

图 6-4　2019 年黄海入海口地区各地市乡村公共服务设施配置和使用情况
资料来源：2019 年山东省村庄基本情况摸底调查数据库。

6.3.3　传承古齐文化，崇尚务实创新

黄河口地区的文化始于远古的东夷部落，在齐国时期真正成型。齐文化以"广收博采、融合创新"为内核，以实用主义为主旨，造就了黄河入海口地区务实、创新、求变、开放的地方文化传统。新中国成立初期，黄河入海口地区农民充分发挥自主能动性，筑屋屯田、兴建水利，充分体现出与艰苦恶劣的自然生存环境抗争的勇气和智慧。胜利油田开发勘探建设 40 多年来，广大石油工人继承和发扬大庆会战精神，奋发图强、艰苦创业，最终将胜利油田建设成了支撑我国国民经济的重要能源基地[①]。

东营市是吕剧的发源地，戏曲文化历史悠久。吕剧起源于乡村，生活气息浓厚，其题材大多是从社会生活出发，通过典型的故事情节塑造人民群众所熟悉的人物形象，以小见大地去表现人民群众勤劳勇敢、善良智慧等传统美德，赞扬劳苦大众反抗压迫、争取自由的斗争精神，反映他们追求幸福美满生活的愿望、理想和要求[②]。

黄河入海口地区凭借独特的生态资源，衍生出了极具地域特色的湿地文化。

---

① 张爱美."黄河口文化"内涵及发展刍议[J].中国石油大学胜利学院学报，2011,25(1):68-71.
② 朱翠兰.浅析吕剧艺术的发展之路[J].文艺生活:中旬刊,2011(11):172-172,175.

除黄河口湿地外,在该地区特殊地理环境下生长起来的民俗文化、农垦文化、渔业文化以及移民文化等也成为湿地文化的重要组成部分,极大地带动了黄河口民俗风情旅游和民间工艺的发展,已成为黄河口乡村经济及乡村文化产业的新引擎。

6.4 人居空间:沿黄房台筑村,住区建设较完善

6.4.1 乡村依土择址,南北差异分布

黄河入海口地区的南部为山前倾斜平原,其余大部分地区为黄河泥砂冲积平原,导致该地区村庄分布存在一定的空间差异。

南部山前倾斜平原地区由于土壤肥沃、地势高亢,潜水埋藏深,地貌以缓岗、微高地及山前斜平地为主,使其避免了土地盐碱化这一最大的农业灾害,成为黄河入海口地区条件最好、开发最早的农业区域[①]。因此,这一区域的村庄数量较多且空间分布较为密集,例如东营市广饶县,村落之间距离较小,外围多有农田、沟渠环绕,农业生产和乡村生活条件较为优越[图 6-5(a)]。

现代黄河三角洲平原主要为黄河泥砂淤积而成的冲积平原,地势南高北低,西高东低,由内地向沿海平缓降低。该地区土壤以黄河沉积泥沙为主,成土年龄晚并受海洋作用强烈,具有土体厚、类型少、盐化程度重、矿物养分含量高的特点,使得该区域自然环境和耕种条件较差。因此,黄河三角洲平原地区村庄数量较少且空间分布较为分散,村落之间的平均距离较大[图 6-5(b)]。

此外,东营区作为东营市政府所在地,是黄河三角洲的政治、文化、经济中心,具有较强的辐射作用,因此其村庄规模也较大,特别是东营区城市近郊的村庄,因农民收入更多来自打工、经商和出租房屋的收入,诸多村庄实际上已发展为集镇[②]。

---

① 蔡为民,唐华俊,陈佑启,等. 近 20 年黄河三角洲典型地区农村居民点景观格局[J]. 资源科学,2004
(5):89-97.

② 蔡为民,唐华俊,陈佑启,等. 近 20 年黄河三角洲典型地区农村居民点景观格局[J]. 资源科学,2004
(5):89-97.

(a) 山前倾斜平原地区：东营市广饶县花宫镇　　　(b) 冲积平原地区：东营市河口区

图 6-5　黄河入海口地区山前倾斜平原与冲积平原村庄分布差异对比
资料来源：山东省天地图。

6.4.2　房台特色鲜明，社区建设有序

黄河南展区位于东营区、垦利县和利津县的交界位置，是由黄河大堤和黄河南展大堤围合构成的梭行狭长地带，西依黄河呈西南东北方向布局（图 6-6）。1971 年 9 月，国家计委正式批准建设黄河南展宽工程，目的是从根本上消除黄河下游凌洪威胁、保障沿黄人民生命财产安全和胜利油田开发建设。南展区作为蓄滞洪区，群众需要搬上新修建的避水房台。所谓房台，就是临黄河大堤就地取土建成的高于南展区行洪水位、低于黄河大堤的建房地基（图 6-7）。

2008 年 7 月，国务院取消南展宽区蓄滞洪区防洪防凌作用。为改善南展区居民生产生活条件，2007—2009 年东营市政府实施展区村庄房台拓展工程，共拓展房台 10 处，由于种种原因，多数新淤房台处于闲置状态。2013 年东营市编制了《东营市黄河南展区综合发展规划（2013—2020 年）》，南展区内房台村开始逐步外迁。目前，东营市龙居镇黄河南展区 26 个村庄中的 15 个已陆续安置至农村新型社区，人居环境得到根本性改善（图 6-8）。2021 年 10 月，习近平总书记在东营考察调研时，十分关心黄河滩区和原蓄滞洪区居民迁建情况，并对滩区群众亲切地说："党的十八大以后我就关心黄河滩区迁建问题。全面开展搬迁、迁建是一件了不起的事情。"

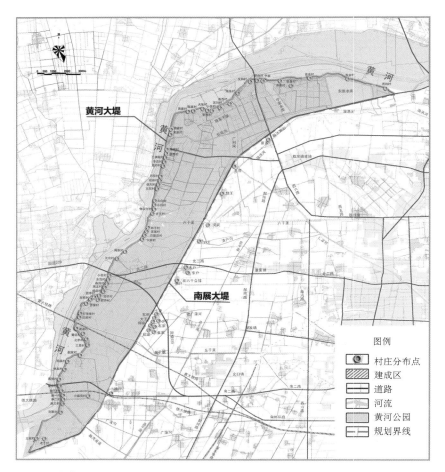

图 6-6 东营市黄河南展区范围示意
资料来源:《黄河南展区综合发展规划(2013—2020)》。

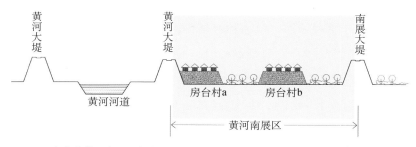

图 6-7 东营市黄河南展区房台示意

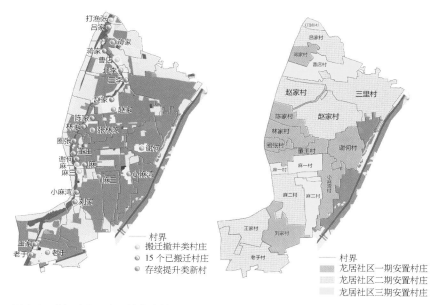

图 6-8　黄河南展区龙居镇房台村分布与安置布局

资料来源:《东营市东营区龙居镇赵家村等 19 个村村庄规划(2020—2035 年)》。

6.4.3　设施建设提速,环卫治理强化

从 2019 年山东省各地区乡村基础设施的配置情况来看,黄河入海口地区与全省平均水平基本相当。其中,该地区乡村已改厕户数比为 68.12%,高于鲁中南山地丘陵地区和近海丘陵地区,而与黄泛平原水平相当;平均每 7.98 户设有 1 个垃圾桶,尚低于省内其他三个地区[图 6-9(a)];乡村生活污水集中处理的比例为 15.57%,尚低于全省平均水平[图 6-9(b)];而自来水供应比例和集中供暖比例分别为 92.20% 和 8.42%,均高于全省平均水平[图 6-9(c)、图 6-9(d)]。近年来,黄河入海口地区积极推进乡村基础设施建设,大力实施村庄道路硬化等工程,乡村地区环卫、污水处理、供水与供暖等基础设施建设水平得到进一步提升。

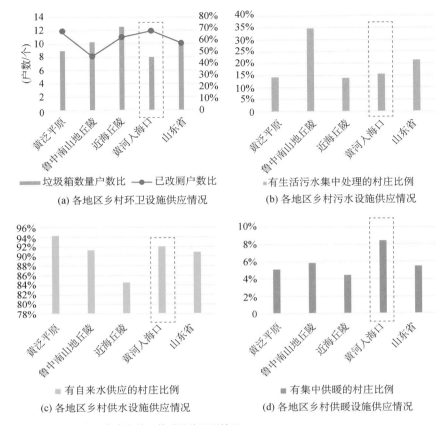

图 6-9　2019 年山东省各地区基础设施配置情况
资料来源：2019 年山东省村庄基本情况摸底调查数据库。

　　在环境设施建设方面，东营市已改厕户数比为 64.58％，滨州市为 69.32％，均高于全省平均水平。同时东营市每 7.69 户配置有一个垃圾桶，滨州市为每 8.08 户一个，均高于全省平均水平［图 6-10（a）］。以上两项数据说明黄河入海口地区在环境卫生整治上已经初见成效，正逐步实现生活垃圾清运、收集、处理一体化处理系统，推进乡村环境综合整治，力争打造清洁美丽的新乡村。

　　在污水设施建设方面，东营市生活污水集中处理的村庄有 17.77％，滨州市则为 14.70％，尚低于山东省平均水平［图 6-10（b）］。由于黄河入海口地区土壤盐碱化严重，可利用水资源严重缺乏，2016 年以来黄河入海口地区针对水环境污染溯源治理，着手推进乡村生活污水处理氧化塘、MBR 模块建设，对解决乡村生活污水、初期雨水污染问题发挥了重要作用。目前污染治理工作仍旧为黄河入海口地区的工作重点。

　　在供水设施建设方面,东营市有自来水供应的村庄比例较低,仅为 89.41%〔图 6-10(c)〕,由于地处黄河入海口盐碱地地区,部分村庄的集中供水成本较高,导致干旱时容易发生取水困难。因此,目前东营市正在持续推进"农村供水城市化、城乡供水一体化"的工程,力图提升乡村地区供水质量。

　　在供暖设施建设方面,黄河入海口地区整体的村庄供暖水平相较其他区域略高,集中供暖的村庄比例为 8.42%,其中东营市集中供暖的村庄比例为 7.24%,滨州市集中供暖的村庄比例为 8.89%〔图 6-10(d)〕。目前为了推行"煤改气"实施,东营市实行暖气补贴政策,自 2018 年起,对乡村取暖工程按照采暖用气 1 元/立方米的标准补贴到户,促进了乡村地区供暖设施的改善。

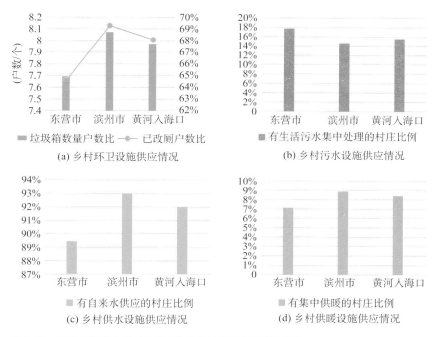

图 6-10　2019 年黄河入海口地区各地市乡村基础设施配置情况
资料来源:2019 年山东省村庄基本情况摸底调查数据库。

第7章　鲁中南山地丘陵乡村人居环境

鲁中南山地丘陵地区是山东省中部的中低山脉覆盖地区,主要有泰沂山脉及其所属的中山、低山、丘陵和局部冲击平原组成,属于山东省内地势最高、山地分布最集中的地区。鲁中南山地丘陵地区主要包括临沂、济南、泰安、淄博、潍坊等市下辖的部分县市区。区域内地形多样、生态环境优越,山岳文化和红色文化交相辉映,也是黄河下游地区泉水村落和传统民居较为集中的区域。

7.1　生态:群山泉群共生,环境优越宜人

作为我国北方土石山区的典型区域,鲁中南山地丘陵地区的气候具有夏热多雨、冬旱少雪、春旱多风、秋旱少雨等特点[①]。地形地貌的多样性使其动植物资源分外丰富。以泰山为例,植被属暖温带落叶阔叶林,森林覆盖率81.5%,植被覆盖率90%,林地面积近万公顷,是一座巨大的绿色天然宝库[②]。何首乌、黄精、紫草、泰山参是泰山的四大名贵中草药,其中泰山灵芝被称为人间"仙草"[③]。泰山野生动物主要为鲁中南山地丘陵动物地理区的代表性类群,并且多为华北地区可见种,其中国家级保护动物16种。

鲁中南山地丘陵地区属于我国典型的岩溶地下水板块,区域范围内地下水天然汇聚与出露,局部地点泉水丰盈[④](图7-1)。比较著名的泉水与泉群有济南趵突泉群、黑虎泉群、珍珠泉群、五龙潭泉群,章丘明水泉群,莱芜郭娘泉群,新泰楼德泉群,蒙阴柳沟泉群,泗水泉林泉群等,诱发形成了该地区一批形态各异、颇

---

① 张建华,刘静如,张玺.鲁中山区泉水村落的形态类型及利用策略[J].山东建筑大学学报,2013,28(3):204-209,237.

② 梁田,韩芳,李传荣,等.泰山景区森林植被类型及其垂直分布特征分析[J].山东理工大学学报(自然科学版),2019,33(4):58-64,68.

③ 宋磊.泰山森林生物多样性价值评估[D].泰安:山东农业大学,2004.

④ 梁永平,王维泰.中国北方岩溶水系统划分与系统特征[J].地球学报,2010(6):860-868.

具特色的泉水村落①。

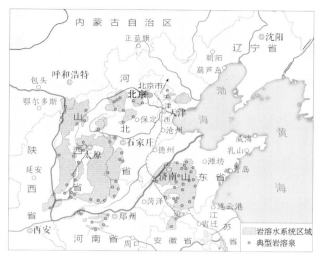

图 7-1 我国北方地区岩溶地下水分布示意
资料来源:根据《中国北方岩溶水系统划分与系统特征》重绘。

　　由于近山平坦地带村落发展的地形制约较小,泉水对村落空间结构的影响作用更加突出。例如沂南铜井镇竹泉村坐落在一座隆起的小丘——元宝山南侧,地势北高南低;竹泉溢流形成了自北向南的一条蜿蜒水溪,村落道路沿小溪曲折布置,建筑沿小溪和道路两侧延伸布局。泉水或穿过小桥沿街流淌,或引入院中后再辗转复入溪流,取用方便的同时,也为村落的街巷院落景观环境颇为增色②(图 7-2)。

7.2　经济:农业特色鲜明,乡村旅游兴盛

7.2.1　创新农业模式,特色品牌众多

　　鲁中南山地丘陵地区山多地少,植被覆盖率较低,水土流失严重,水资源和

①　刘静如. 鲁中山区泉水村落空间类型研究与保护利用[D]. 济南:山东建筑大学,2013.
②　张建华,刘静如,张玺. 鲁中山区泉水村落的形态类型及利用策略[J]. 山东建筑大学学报,2013,28(3):204-209,237.

图 7-2 沂南铜井镇竹泉村
资料来源：《铜井镇竹泉峪村村庄规划(2019—2035)》。

土壤养分较为缺乏。针对自身特点，该地区选择性地发展了不同类型、不同层次规模的生态农业模式，以提高自然生产力和经济生产力①。以植树绿化、沟河拦蓄为基础，以小流域综合治理为单元，以坡改梯和发展种、养、加、沼、太阳能为一体的生态果园为突破口，加强对各种农业动植物资源的开发利用和保护，建立多层次山区立体生态防护体系，重点发展无公害农产品和生态旅游观赏两项新兴产业②。山区主要以花生、水果、蔬菜种植为主，平原则以稻米、杂粮种植为主。

与省内其他地区相比，鲁中南山地丘陵地区在粮食产量上仅次于黄泛平原地区。山前平原土壤肥沃，适于作物种植，粮食产量、质量均较高，尤其是杂粮品种多样，小米、高粱等均有一定的知名度，已形成生态种植品牌。在水果产量上，仅次于烟台市，林果种类丰富多样。以临沂市为例，截至 2020 年年底，累计打造优质农产品基地 570 万亩，省级农业标准化生产基地 165 个；已编制完成临沂市优质农产品品牌目录，涵盖 10 大类、513 个单品；建设"一村一品"示范村镇国家级 19 个、省级 21 个；形成花生、黄烟、桑蚕、柳编、银杏、金银花、板栗、茶叶八大特色基地和优质蔬菜、果品两大优势产业；目前已成为全国粮食生产大市、蔬菜生产强市，被誉为中国银杏之乡、杞柳之乡（临沭、郯城）、大蒜之乡、板栗之乡（费县）、金银花之乡。

① 郑军，史建民.山东省区域生态农业发展模式探析[J].中国生态农业学报，2006(2)：203-206.
② 沈香琴，马如武.山东省生态农业区域布局及发展模式选择[J].安徽农业科学，2008(1)：384-385.

7.2.2　物流体系完善，助推产业升级

鲁中南地区地形复杂，历史上素有"四塞之崮、舟车不通"之名。近年来随着区域交通条件的改善，物流产业得到了充分发展，并对农业和旅游业产生了巨大的推动作用。

以临沂市为例，近年来通过多项举措不断加快完善乡村地区的物流基础设施。一是完善乡村路网结构，增强乡村公路通行能力；二是依托大型物流企业、商贸市场建设县级物流分拨中心，依托乡镇交管所、邮政、生资、供销等网点建设乡镇物流配送站，依托较大村庄、供销超市、农资超市、乡村集市建设村级物流网点，建成县、乡（镇）、村三级乡村物流网络；三是整合信息资源，加强乡村物流信息化建设，开发建设开元电子商务信息系统等乡村物流信息系统，推动沂南、莒南、兰陵、郯城、临沭等县乡村物流信息系统统一接入省物流信息平台，实现省、市、县三级联网，大大降低了货运车辆空载率和物流运输成本，构建起了辐射全国、周转快捷、方式灵活的庞大物流体系，成为了"中国市场名城""中国物流之都"。发达的乡村物流体系极大地带动了特色农业的发展，2019 年临沂市农村物流吞吐量达到近 3 000 万吨，实现营销配送收益 2.3 亿元，基本解决了农产品运输难的问题，彻底改变了"山里山外两重天"的状况，实现了"山里山外一路牵"。

7.2.3　依托特色资源，乡村旅游兴盛

鲁中南地区森林覆盖率高，自然生态环境优异，传统村落布局特色鲜明，且具有丰富的农产品资源，具备优越的乡村旅游发展基础。

2020 年山东省文化和旅游厅、发展改革委认定 62 个村庄为全省乡村旅游重点村（精品旅游特色村），其中位于鲁中南地区的村庄 28 个（包括济南 7 个、淄博南部 3 个、潍坊西南部 4 个、泰安 4 个、临沂 10 个），占总数的 45.16%。以乡村旅游发展最好的临沂市为例，市政府大力推动特色乡村建设和乡村旅游发展，景区依托型、古村镇型、休闲农业园区型、休闲度假酒店型、规模化农

家乐型等乡村旅游特色产品百花齐放（表 7-1），"沂蒙人家""蒙山人家""红嫂人家""沭河人家""兰陵人家""崮乡人家""银杏人家"等各区县的特色乡村旅游品牌不断涌现。

表 7-1　临沂市乡村旅游特色产品一览表

类型	所属地区	乡村旅游产品	发展定位
景区依托型	蒙阴县	百泉峪、百花峪、李家石屋	依托周边的大景区，经营餐馆旅店、销售土特产品，为游客提供多方面服务
	沂南县	竹泉峪村	
		常山庄村	
古村镇型	沂南	竹泉村旅游区	依托传统村落和历史文化名村，以及地域特色鲜明的民居建筑，为游客提供乡村生活体验
	平邑县	九间棚旅游区	
	莒南	大店镇	
	郯城	马头镇	
休闲农业园区型	兰陵	兰陵国家农业公园	依托示范农业园区，发展休闲农业，开展农业采摘、科普和休闲体验服务
	沂南	马泉创意农业休闲园	
	费县	沂蒙百草园	
休闲度假型	蒙阴	蒙山养心园酒店、蒙阴岱崮上山下乡度假村	建设高标准的综合性的乡村旅游度假接待场所
	沂水	院东头怡然居酒店	
规模化农家乐型	费县	大田庄乡周家庄村	依托优美的田园风光，积极打造生态观光、果品采摘、民俗表演等项目培育"农家乐"
	莒南	涝坡镇柿树园村	

　　鲁中南山地丘陵地区具有悠久的历史与深厚的文化底蕴，红色旅游资源丰富，被旅游专家誉为"两战圣地"（抗日战争和解放战争）[1]。在中国现代史上，沂蒙老区与井冈山、延安、太行山、大别山齐名，是全国五大著名的革命老区[2]。红色旅游的持续发展，改善了乡村产业结构，增加了富余劳动力就业。蒙阴、沂水、平邑、莒南等县依托其较丰富的红色旅游资源，大力开发旅游纪念品和农副产品深加工，积极发展"农家乐"等，成为当地经济增长的新亮点[3]。

①　石运礼.临沂市红色旅游资源开发与利用研究[J].现代商贸工业,2011,23(5):124-125.
②　王永秀.沂蒙红色文化产业化发展对策探寻[D].济南:山东师范大学,2013.
③　红色旅游综合效益进一步凸显[Z].中国旅游年鉴,2009.

7.3　社会：历史文化丰厚，人口活力下降

7.3.1　人口生育稳定，老龄趋势渐显

考虑到地形差异的影响，在鲁中南地区各市中选取了山地丘陵地形地貌特征较为明显的县市区进行研究。根据 2010 年第六次人口普查数据，鲁中南地区各县市区乡村常住人口出生率为 11.31‰，与山东省平均水平（11.68‰）持平。其中，临沂市北部地区乡村人口出生率最高，部分县市达到 16.00‰ 以上，其次是泰安、潍坊，而济南、淄博、莱芜三地乡村人口出生率相对较低（图 7-3）。

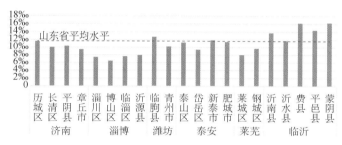

图 7-3　2010 年鲁中南典型县市区乡村人口出生率
资料来源：全国第六次人口普查。

从出生性别比上看，2010 年鲁中南地区各县市区乡村常住人口出生性别比为 114.5，低于山东省平均水平（120.9）。分县市区来看，除临沂市下辖部分县市区、博山区、临朐县、新泰市外，其他县市区乡村人口出生性别比均低于 115.0；各县市区出生人口性别比差异较大，与其经济发展水平、农业产业类型等关系密切（图 7-4）。

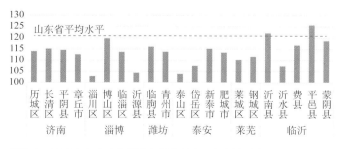

图 7-4　2010 年鲁中南典型县市区乡村人口出生性别比
资料来源：全国第六次人口普查。

　　根据 2016 年山东省 1‰ 人口抽样调查中育龄妇女的理想孩子数、二孩生育打算等调查数据,济南市、淄博市、潍坊市、泰安市和临沂市均为山东省生育意愿相对较高的地区,其中,临沂市生育意愿居山东省首位,育龄妇女理想孩子数量为 1.92,而潍坊市为 1.79、泰安市为 1.78、莱芜区为 1.75、淄博为 1.69、济南市为 1.65,整体看仅次于黄泛平原地区。

　　鲁中南地区乡村人口老龄化程度普遍高于山东省平均水平,尤其是淄博、莱芜、临沂三地(图 7-5)。综合人口出生率和人口外流情况可以发现,淄博、莱芜两市由于其出生人口比例较低,人口自然更替失衡造成老年人比重偏高;临沂市则是由于人口外流比例较高,年轻人多外出打工,造成老年人比重偏高(图 7-6)。

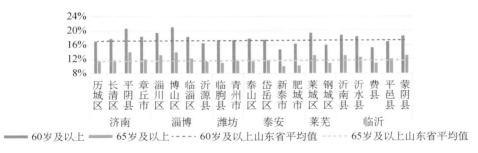

图 7-5　2010 年鲁中南典型县市区乡村人口老龄化程度
资料来源:全国第六次人口普查。

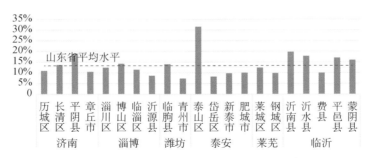

图 7-6　2010 年鲁中南典型县市区乡村外出半年以上人口占总人口比重
资料来源:全国第六次人口普查。

7.3.2　公服较为完善,县市存在差异

　　山地丘陵地区独特的地形地貌在很大程度上影响着乡村公共服务设施的配

置和分布。从 2019 年山东省各地区村庄公共服务设施配置和使用情况看，鲁中南地区乡村医疗、养老设施及幼儿园的配置比例均为全省最高；文化设施配置比例低于黄河入海口地区，略低于黄泛平原地区；小学的配置比例略低于黄泛平原地区。同时应该注意到，虽然鲁中南地区各类公共服务设施配置比例居全省最高水平，但由于其村庄规模小且分布分散，医疗设施服务效率仅高于黄泛平原地区，文化、养老设施服务效率低于其他三个地区[图 7-7(a)]，幼儿园和小学的服务效率基本与山东省平均水平持平[图 7-7(b)]。

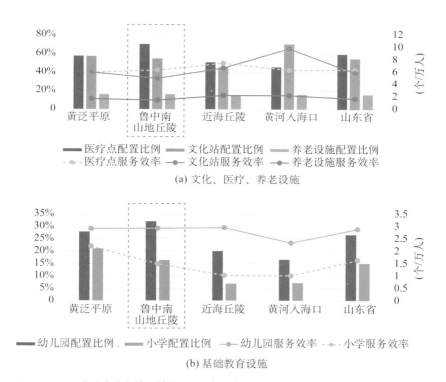

图 7-7　2019 年山东省各地区村庄公共服务设施配置和使用情况
资料来源：2019 年山东省村庄基本情况摸底调查数据库。

通过结合村庄个数、村庄面积、人口的测算，可以看出鲁中南各典型县市区的乡村教育设施配置情况仍存在一定差异。除历城区、淄川区外，济南、淄博两市典型县市区的幼儿园、小学配置比例尚低于山东省平均水平（幼儿园省均26.69%，小学省均 15.18%），临沂、泰安、潍坊三市典型县市区的配置比例远高于山东省平均水平，尤其是沂水县在其 1 040 个村庄中配置了 1 321 个乡村幼儿园,实现了乡村幼儿园全覆盖(图7-8)。

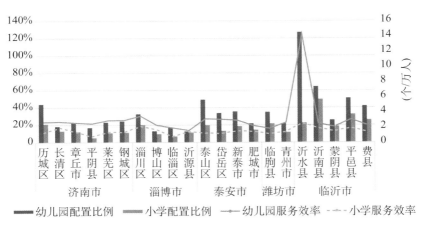

图 7-8   2019 年鲁中南典型县市区乡村教育设施配置情况
资料来源:2019 年山东省村庄基本情况摸底调查数据库。

从服务效率来看,除沂水县外的其他各县市区幼儿园服务效率均持平或低于山东省平均水平,如淄博市沂源县、潍坊市临朐县,每万人仅有 1.58 所、1.84 所幼儿园,尚低于山东省每万人 2.89 所幼儿园的平均水平;小学除临沂市沂水县、沂南县、平邑县,淄博市淄川区、博山区,济南市长清区外,均低于山东省平均水平,如济南市平阴县、淄博市临淄区,每万人仅有 0.75 所、0.78 所小学,尚低于山东省每万人 1.64 所小学的平均水平(图7-8)。

覆盖率与服务效率县市差异特征相似,仅青州市情况较为特殊,由于其村域面积偏小、村庄分布密集,虽然其配置比例和服务效率略低,但其覆盖率较高,幼儿园及小学覆盖率分别达到了 3.61 个/平方千米、1.93 个/平方千米,远超山东省平均水平(分别为 0.16 个/平方千米、0.09 个/平方千米)。

在乡村医疗点的配置比例上,鲁中南地区各县市区都达到了较高水平,除沂水县(52.88%)、长清区(57.93%)、泰山区(58.02%)外,鲁中南地区各典型县市区村庄医疗点配置比例均超过山东省平均水平(59.83%),其中历城区、临朐县、沂南县的部分村庄甚至配置了超过 1 个乡村医疗点,医疗设施配置水平超过 100%。从服务效率来看,淄博市博山区每万人拥有 14.18 个乡村医疗点,远高于山东省平均水平(6.47 个/万人),泰山区乡村医疗点服务效率则相对较低,每万人拥有的乡村医疗点数量仅 3.65 个(图7-9)。总体来说,鲁中南地区乡村基层医疗设施基本满足村民基本的诊疗需求。

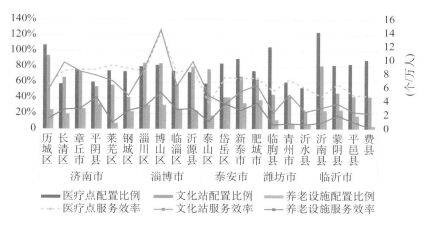

图 7-9 2019 年鲁中南典型县市区乡村医疗、文化、养老设施配置情况
资料来源：2019 年山东省村庄基本情况摸底调查数据库。

乡村养老设施覆盖程度在鲁中南地区内部存在较大差异，配置比例最高的 3 个县市区为泰安市岱岳区、肥城市、新泰市，乡村养老设施配置比例分别达到了 40.71％、37.52％ 和 33.41％，莱芜区（7.90％）、青州市（6.78％）、沂水县（6.06％）和费县（3.90％）尚有较大的提升空间（图 7-9）。

近年来，该地区乡村公共文化设施建设取得了较大的成就，各村庄结合村委会、村民活动中心等村集体设施建设了类型不尽相同的村庄文化活动设施。以文化站为例，鲁中南各县市区乡村文化站配置比例差异较大，除沂南县外，潍坊、临沂两市下辖县市区尚未达到山东省平均水平（55.29％）；济南、淄博两市下辖县市区配置比例较高，如济南市历城区配置比例达到 94.23％，淄博市淄川区、博山区也达到 84％以上。从服务效率来看，泰安、潍坊和临沂三市的部分县市区仍与每万人 5.98 个文化站的全省平均水平有所差距。另外，在乡村公共文化设施的软件建设上，鲁中南各地市仍然存在着一定的短板，文化活动种类单一、书籍数量品种偏少、内容陈旧更新速度慢、电子阅览室设备老化失修等问题有待进一步改善。

7.3.3　山岳文化厚重,红色文化传扬

　　鲁中南地区地形多山,山岳文化积淀厚重、类型丰富。泰山不仅是中国古代文化的摇篮,还是东方历史文化的缩影。数千年以来中华文明不断在泰山地区积淀、发展,形成了丰厚独特的地域历史文化,以及与之相关的大量历史遗迹与文化遗产,主要包括封禅文化、名人文化、建筑文化、石刻文化、风俗文化、宗教文化等。在泰山传承千年的传统文明中,帝王封禅文化无疑是最浓墨重彩的一笔,使其有了一种傲视群峰的帝王威严,变成了国家一统、天下天平的象征。作为五岳之首、国家镇山,泰山也是中国古代宗教的重要祭祀圣地和宗教活动场所;儒、道、佛三教的相互融合,共同构造了泰山宗教文化兼容并蓄的特点。而千百年来的政治、宗教、民俗活动为泰山留下了蔚为壮观的古建筑群落,泰山古建筑规格齐全,不仅是中国古代高山建筑的代表,更是中国历史文化的缩影和民族智慧的结晶,具有极其重要的历史价值、科研价值和精神价值。此外,名人文化也是泰山文化的重要载体,是泰山文化的精华所在,是中国古代文人墨客与泰山相互影响、相互作用过程中,创造的一种以山岳为载体的精英文化。泰山文化的另一重要载体是泰山石刻,泰山有"露天书法博物馆"之称。泰山石刻汇集了 16 个朝代的作品,延续了 2 200 多年的历史,其文字内容与自然景色相辅相成,具有深厚的人文历史底蕴[1]。

　　"沂蒙山区"则以沂蒙精神闻名于世,是红色名山的代表之一。沂蒙精神可总结概括为"爱党爱军、开拓奋进、艰苦创业、无私奉献"。抗日战争年代,沂蒙老区建立了抗日民主政权,沂蒙人民在艰难困苦的革命岁月中无怨无悔地爱党爱军,"最后一口粮当军粮、最后一块布做军装、最后一个儿子送战场,拿小米供养了革命,用小车把革命推过长江",为民族独立和解放献出了自己的热血和生命[2]。新中国成立以来,沂蒙精神与时俱进,锤炼升华,自力更生、艰苦奋斗、整山治水、脱贫致富、团结一心、开拓奋进的新时代沂蒙精神,成为沂蒙人

①　马德坤.泰山文化通俗读本[M].济南:山东人民出版社,2014.
②　王宏伟.夯实农村基层组织工作与筑牢事业发展根基[J].知与行,2018(6):8-12.

民密切党群关系、推动经济社会发展的力量源泉①。2013 年 11 月 24 日至 25
日,习近平总书记在临沂视察时指出:"沂蒙精神与延安精神、井冈山精神、西
柏坡精神一样,是党和国家的宝贵的精神财富,要不断结合新的时代条件发扬
光大。"

7.4　人居空间:村落依山就势,风貌特色鲜明

7.4.1　村落依山布局,泉水特色突出

鲁中南山地丘陵地区的村庄海拔高度一般在 200 米以上,地形条件对村庄
的选址、布局以及村民的生活方式、社会文化等都有着深远的影响。考虑到用地
的建设适宜性,村庄多避开低洼谷地,坐落于坡度平缓、溪流汇集、植被与农作物
生长茂盛、更适宜人类居住的滨河沿路的平缓地带[图 7-10(a)]和山麓地带[图
7-10(b)]。相对而言,鲁中南的低海拔地区村庄数量较多、规模较大,高海拔地
区村庄数量少、规模小。

(a) 沿河流分布的乡村居民点:沂南县张庄镇

---

①　林峰海. 点燃脱贫攻坚的"红色引擎"[N]. 中国组织人事报,2017-01-09(006).

(b) 沿山麓分布的乡村居民点：蒙阴县垛庄镇

图 7-10   鲁中南山地丘陵地区村庄分布
资料来源：山东省天地图。

       鲁中南山地丘陵地区的村落多依山势形成阶梯跌落的空间形态，部分乡村结合多个台地呈现组团式结构，村内主街多为沿等高线方向的"上下盘道"，与灵活的支巷构成树枝状的村内路网系统，支巷多由石材铺就并设有台阶，具有很强的空间趣味。民居院落受地形约束，尺度普遍较为紧凑(图 7-11)。

图 7-11   济南章丘市朱家裕村空间示意及部分实景

水源是传统乡村聚落选址的核心要素之一，是乡村生产生活的必要资源条件，而泉水则是最易就近而居的水源。鲁中南山地丘陵地区是我国北方熔岩地质的典型区域，地势低洼之处浅层地下水汇集且易于出露，逐步形成了诸多泉水与村居关联共生的泉水村落。山东省内共有泉水聚落 75 处，绝大多数分布在鲁中南山地丘陵地区的五个地市（表 7-2）。

表 7-2　山东省泉水聚落分布一览表

地市	县区	镇街	数量
济南市	章丘区	曹范镇、垛庄镇、文祖镇、官庄镇、闫家峪乡	20
	平阴县	洪范池镇	4
	长清区	双泉乡、万德镇、五峰山镇、张夏镇	7
	历城区	彩石镇、港沟镇、柳埠镇、西营镇、十六里河镇、北高而乡、锦绣川乡	26
临沂市	沂南县	铜井镇	4
淄博市	博山区	池上镇	3
	淄川区	—	1
泰安市	岱岳区	满庄镇	3
	泰山区	泰前街道	1
	东平县	老湖镇、接山乡	2
潍坊市	临朐县	冶源镇	1
济宁市	泗水县	泉林镇	3

资料来源：《北方地区泉水聚落形态研究》，赵斌。

泉水在泉水村落具有重要的生活、生产和景观功能。在生活方面，诸多泉水村落至今保留有完好的泉井，并仍以泉水作为主要饮用水源。在生产方面，泉水村落通过建设分支水渠引水和修筑泉水池蓄水等方式，利用天然泉水对农田进行灌溉；泉水溢流量较大、地势存在高差的村落，多将泉流作为天然动力，通过水磨、水碾等开展农产品初级加工。在景观方面，泉位及溢流水系是泉水村落最为突出的景观特征要素，出于乡村对泉水资源的珍视，泉水村落的公共活动空间多生成于泉水系统周边，并通过不断的人工修缮形成了泉水村落的核心景观节点。依据地势和泉位不同，泉水与村落空间呈现出典型的空间共生关系（图 7-12）。

以济南市平阴县的书院村为例，泉池、泉渠和水塘有机形成了泉水系统的"点、线、面"，并与道路系统共同塑造了村落的空间形态[图 7-13(a)]。东流泉和

(a) "临泉而居"平阴书院村   (b) "近泉而居"济南市芦南村   (c) "引泉入村"沂南县凤台庄村

图 7-12　泉水与村落的空间共生关系
资料来源:山东省天地图。

　　白沙泉的泉池是村民的主要取水点,村落最初发展也围绕此处展开。泉水自月
牙坝流出即分为泉溪和泄洪渠两条平行支系,线性水体明暗交织、宽窄变化,形
成了丰富多变的泉水线性空间,在水系交互或分支的节点处形成了村民日常生
活交往的主要公共空间[1][图 7-13(b)]。

(a) 泉水系统分布   (b) 公共空间节点

图 7-13　泉水村落空间形态:平阴县书院村
资料来源:《北方地区泉水聚落形态研究》,赵斌。

7.4.2　传统村落密集,民居形式丰富

　　鲁中南地区由于地处山地丘陵区,拥有泉群环抱的多样地理环境、特殊的资

---

① 　赵斌.北方地区泉水聚落形态研究[D].天津:天津大学,2017.

源禀赋条件以及留存着泰山山脉绵延的帝王文化与沂蒙山红色记忆,使其历史文化名村和传统村落较为密集,传统民居始终保持着强烈的历史文化积淀和地域特色(图 7-14)。

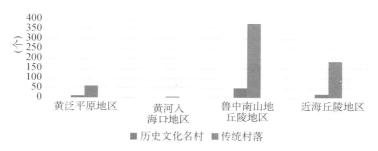

图 7-14　山东省各地区历史文化名村和传统村落统计(截至 2020 年)
资料来源:中国传统村落网、国家文物局公布的历史文化名村名单。

　　由于山地的特殊地形,鲁中南地区的院落布局形态与结构较为简单,很少有多进及多跨的传统民居院落。鲁中山区凭借泰山高耸的山脉形成了大面积的土石山区域与小面积的地下水天然汇聚与出露区域,造就了青瓦坡屋面的石头房以及"一正两厢"的济南四合院;平阴平顶土石房、泰山圆顶石头房等宛如与土地岩石一体生长、自然野趣、浑然天成。而鲁南丘陵区则凭借群山起伏的丘陵地势造就了参差百态、错落有致的沂蒙石头房肌理,多以砖、石、土等材料混合搭建,门楼高大、朴实无饰,充分体现了山区传统民居特有的质朴与粗犷之美[1]。

　　基于独特的石材与营建技艺,鲁中南地区传统民居的形态可分为 7 种类型,其中鲁中地区 5 种、鲁南地区 2 种。前者包括青石墙基与山草或麦草顶组合的山区石头房,圆石与青瓦坡屋顶及条石组合的圆石头房,三合土漫坡顶及夯土墙与石料组合的囤顶房,青石或石灰坯墙与青瓦顶或草顶组合的灰坯房,以及匣钵与青砖青瓦硬山顶组合的窑厂民居;后者包括柴门与石墙组合的沂蒙石头房,以及石墙与山草顶组合的枣庄石板房。

　　石头房是鲁中山区最具特色的一种民居类型,在泰山山脉以北、以南都占有相当的数量,院落布局并没有规整统一的要求,但基本与大多北方四合院类似呈现方正的合院布置形式;也有些院落并不建南屋,山区的民居院落也大多以三合

---

[1]　逯海勇,胡海燕.鲁中山区传统民居形态及地域特征分析[J].华中建筑,2017(4):76-81.

院为主[图 7-15(a)]。

　　圆石头房主要分布于泰安地区的村落中,泰山周边村民在进行房屋建造的时候常常捡用河水中光滑的自然石,长此以往用圆石盖房的习俗便流传开。由于泰山的帝王文化和传统的儒家文化影响,在"天人合一"的理念影响下,泰山圆石房大多呈长方形,为简单方正的合院形式[图 7-15(b)]。

(a) 泰山山区传统民居的石头房

(b) 泰安泰山景区的圆石头房

(c) 平阴县山区的囤顶房

(d) 章丘官庄街道朱家峪的灰坯房

(e) 淄博博山的馒头窑民居

图 7-15　鲁中山地地区传统民居类型

　　囤顶房,又称平顶土石房,主要分布于济南平阴的山区一带。为满足山区降水连绵带来的屋面排水需要,建造囤顶这种相对简易的屋顶样式,组合三合院的土漫坡顶、石墙或者版筑泥墙、石雕,成为囤顶房的常见样式[图 7-15(c)]。

　　灰坯房是主要分布在济南东部章丘一带,以管道民居为代表,有着一定建造规模和质量的传统民居。由于是在官道上的沿线民居,以严谨的布局形式、丰富的材质、讲究的雕饰等,形成南北轴线贯穿的北方四合院落[图 7-15(d)]。

　　窑厂民居主要分布在淄博博山的山地之中,博山清代进入陶器制作的鼎盛时期,有众多的窑厂,其民居大多呈现窑居一体的格局,用制陶的废弃物来砌墙,长此以往形成了以陶瓷材料建成的民居[图 7-15(e)]。

　　鲁南传统民居中沂蒙石头房主要分布在山东平邑县的蒙山附近,由于丘陵众多,房屋的布局多依山而变;由于石头可以不经加工、节省成本,同时具有独特的稳定性,采石建屋成为当地特色[图 7-16(a)]。

枣庄石板房主要分布在枣庄山亭区群山深处的兴隆庄和附近的村庄中,由于盛产片岩、石材,村民从山上采下一块块薄石板,在屋顶上铺成菱形的鱼鳞纹样做瓦片。同时,村落道路也完全用小块的片石铺就,下雨天水流顺缝隙渗流[图 7-16(b)]。

(a) 沂蒙山区竹泉村的石头房   (b) 枣庄石板房景区的石板房

图 7-16 鲁南丘陵地区传统民居类型

7.4.3 污水供暖较好,设施配置不均

整体来看,鲁中南山地丘陵地区乡村的污水设施建设水平高于其他地区,而环卫、供水、供暖设施有待提升。在环卫设施方面,已改厕户数比为 46.37%,为四个典型地区里最低;每 10.27 户设置 1 个垃圾桶,仅低于近海丘陵地区[图 7-17(a)]。在污水设施方面,鲁中南地区有生活污水集中处理的村庄比例为 34.78%,远远超过其他地区[图 7-17(b)]。在供水设施方面,有自来水供应的村庄比例为 91.28%,与黄泛平原地区还有一定差距[图 7-17(c)]。在供暖设施方面,有集中供暖的村庄比例为 5.86%,低于黄河入海口地区[图 7-17(d)]。

从鲁中南山地丘陵地区内部来看,受不同地形条件、村庄发展水平等因素的影响,各类市政设施配置的地区差异较大。

在环卫设施方面,除济南市的长清区和章丘区、淄博市临淄区以及泰安市泰山区、肥城市的已改厕户数比较高以外,其余各县市区的数值分布较为均衡;村庄垃圾箱数量户数比的数值分布差异较小,其中的淄博市和泰安市村庄垃圾箱配置水平相对较高[图 7-18(a)]。

在污水设施方面,各县市区的设施供应水平存在差异。其中,淄博市博山区

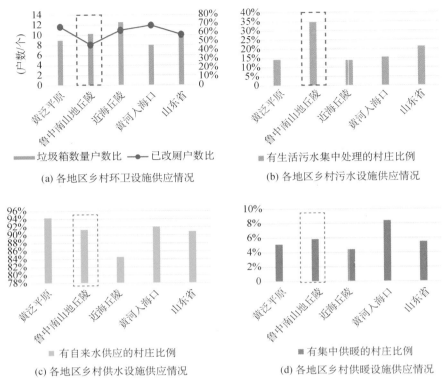

图 7-17　2019 年山东省各地区乡村基础设施建设情况
资料来源:2019 年山东省村庄基本情况摸底调查数据库。

有生活污水集中处理的村庄比例为 29.66%,领先于其他各县市区;泰安市肥城
市(23.97%)和泰山区(20.99%)仅次于博山区;长清区和岱岳区乡村污水设施
供应水平则较低,有生活污水集中处理的村庄比例分别为 2.41% 和 1.78%[图
7-18(b)]。

　　在供水设施方面,除泰安市岱岳区和新泰市以外,其余各县市区有自来水供
应的村庄比例均达到 60% 以上。其中,济南市历城区和平阴县、泰安市肥城市以
及临沂市沂南县接近 100%[图 7-18(c)]。

　　在供暖设施方面,各县市区供应水平差异显著,济南市历城区、泰安市岱岳
区和临沂市蒙阴县有集中供暖的村庄比例尚不足 1%;淄博市的临淄区和淄川区
有集中供暖的村庄比例分别为 16.5% 和 15.04%,供应水平优于其他县市区
[7-18(d)]。

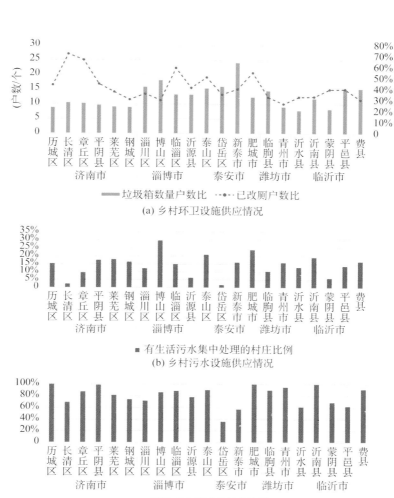

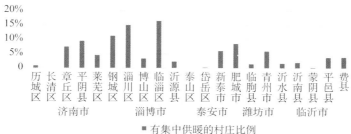

（注：济南市长清区和泰安市泰山区无供暖设施供应情况数据。）

图 7-18　2019 年鲁中南典型县市区乡村基础设施建设情况
资料来源：2019 年山东省村庄基本情况摸底调查数据库。

第8章　近海丘陵乡村人居环境

　　近海丘陵地区位于山东省东部,北临渤海和黄海,与辽东半岛相对;东临黄海,与朝鲜半岛和日本列岛隔海相望,主要包括青岛、烟台、威海和日照等沿海地市。近海丘陵地区气候温润、海岸蜿蜒曲折、旅游景点众多、海洋经济发达,乡村地区市场资本下乡活跃、三产融合程度较高,经济发展水平和乡村人居环境整体质量较好,并表现出较为明显的就地城镇化特征。

8.1　生态:气候温润宜人,海洋物产丰富

　　近海丘陵地区地形以低山丘陵为主,海拔在 400 米以下。地形连绵起伏,沟谷宽浅,地形坡度较缓,一般在 20°以下①。地势中部高、四周低,三面临海,水系呈由中心向四周的放射状分布。四季温和湿润,气候宜人,属海洋性气候,在湿润的太平洋季风的吹拂下,形成北方独特的暖温带小气候区,具有春冷、夏凉、秋暖、冬温的特点。同时,在海陆风影响下,近海丘陵地区的空气质量长期保持在较好的水平。此外,渤海和黄海富含海水鱼虾 260 多种,对虾、海参、扇贝、鲍鱼等海珍品产量在全国居首位。

　　由于受到气候和地形的影响,近海丘陵地区蒸发量大(多年平均蒸发量为840 毫米),导致水资源"入不敷出",水资源丰枯期交替明显、干旱缺水矛盾突出。近海丘陵地区地下水高度开发,其开采量已超过了可利用量。在开采地段和近海区,由于超采严重过度,较大范围的负值漏斗区和海水入侵区已形成并在一定程度上影响了环境地质。

　　部分地区沿海岸线进行围海造陆、地产开发和石化产业布局,导致了一定规模的湿地资源从海岸线上消失,优质沙滩面积有所减少。此外,全球气候变暖使得海水含碳量提高,入海河流带来的陆源污染物以及近岸农业、养殖业产生的污

① 杜康康,孔彦,李相然.胶东半岛的地质灾害及防治对策建议[J].地质灾害与环境保护,2010,21(3):12-17.

染物使海水富营养化,导致近年来浒苔"绿潮"频现,严重时对渔民近海养殖和船舶航行安全产生了较大的影响。

8.2　经济:三产有机联动,资本下乡活跃

8.2.1　产业依海而兴,林果生产基地

近海丘陵地区三面临海,得天独厚的地理位置使得渔业成为该地区重要的农业产业之一,也是海洋经济的支柱产业。2018 年,近海丘陵地区的四个地市渔业总产值均位于全省前列,其中威海市渔业总产值占山东省全省渔业总产值的23.35%,烟台占 22.24%,青岛占 13.47%,日照占 6.75%[图 8-1(a)]。以威海市为例,自 1990 年起渔业占农林牧渔业总产值比例一直高于 50%,在第一产业中处于举足轻重的地位[图 8-1(b)]。同时也应当注意到,近些年来受过度捕捞和海岸线开发建设影响,该地区的近海捕捞量一度呈下滑趋势,渔业产业结构有待升级。

(a) 2018年山东省各地市渔业总产值　　　　　(b) 1980年以来威海市主要年份渔业产值占比变化

图 8-1　近海丘陵地区渔业发展情况
资料来源:《山东统计年鉴(2019)》《威海统计年鉴(2019)》。

除渔业外,由于低山丘陵广布,该地区林果业同样较为发达。2018 年近海丘陵地区果园面积、水果产量分别占山东省的 43.39% 和 52.12%,苹果、梨、葡萄等主要水果种类果园面积分别占山东省 67.49%,35.92%,46.33%,产量分别占山东省的 74.28%,40.21%,45.18%[图 8-2(a)]。其中烟台市是传统的水果生产大市,是著名的"烟台苹果""福山大樱桃""莱阳梨"的集中产地,2018 年烟台

市苹果产量为 558.96 万吨,占全国苹果总产量的 14.25%,山东省苹果总产量的 58.70%[图 8-2(b)]。其中,栖霞市地处北纬 37°苹果种植"黄金地带",是烟台苹果优势主产区和核心区,相继获得"中国苹果之都""全国优质苹果生产基地""中国果菜无公害十强市"等称号,2009 年栖霞苹果获国家工商总局"国家地理产地证明标志",2016 年栖霞被授予"全国现代苹果产业 10 强市"荣誉称号,栖霞苹果获"2016 年中国果品区域公用品牌价值十强"称号。

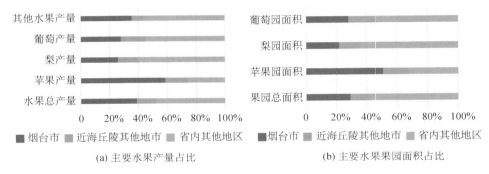

(a) 主要水果产量占比   (b) 主要水果果园面积占比

图 8-2 2018 年近海丘陵地区水果种植及产量情况
资料来源:《山东统计年鉴(2019)》。

8.2.2 旅游养殖联动,休闲渔业发展

近海丘陵地区由于生态环境变化和过去若干年的过度捕捞,近些年来近海捕捞量有所下滑,渔业发展面临瓶颈。各地市乡村开始探索将养殖业与旅游业联动推进,逐步形成休闲渔业这一新兴产业。荣成市的西霞口村和河口村即为传统渔村转型发展的典型代表(图 8-3)。西霞口村充分发挥地处黄渤海交界的特殊区位优势,成功打造了最大的野生刺参自然生长、繁育基地。这里四季分明,冬暖夏凉,年平均水温 12℃,海底礁石密布,藻类品种繁多,浮游生物丰富,水质天然无污染,非常适合刺参生长。同时,西霞口村紧盯休闲渔业发展的新趋势,建成国家级休闲渔业示范基地和全省首个省级休闲海钓示范基地,已多次成功举办"游钓中国""国际海钓精英赛"等国内外赛事,成为传统渔业转型和休闲旅游业融合发展的典型示范。

与西霞口村一山之隔的河口村依托优美的自然风光和优越的地理位置,大

力发展乡村旅游。2002 年,河口"胶东渔村"正式对外营业,成为山东省最早以注册品牌经营乡村旅游的村。村内成立了旅游公司,在村两委带领下推出了"吃住在渔家,游乐在海上,拥抱碧海蓝天,体验渔家风情"为特色的渔家民俗游,开创了"统分结合、集体管理、居民接待、利益分成"的"河口模式"。河口村相继被国家旅游局授予"中国乡村旅游模范村""中国乡村旅游金牌农家乐"等荣誉称号。

图 8-3　荣成市西霞口村(左)和河口村实景

8.2.3　资本下乡推动,村企深度联合

多年以来,近海丘陵地区乡村出现了以系统解决"三农"问题为目的,以农业产业化龙头企业为主力军,以统筹乡村人、地、房等发展资源为表现形式的"企并村""村企合一"现象,这种现象在荣成市虎山镇好当家集团、寻山镇寻山渔业公司、成山镇西霞口集团、南海新区、乳山福地养生园等企业均有所体现。

1999 年以来,好当家集团按照"推进区域发展、实现共同富裕"的宗旨,实施"村企合并,联姻发展"工程,先后合并了虎山镇的张家村、岭西村、冯家村、卞家村、唐家村、陈家村和北于家村等 7 个村庄,涉及近 2 000 农户、6 000 多农民。通过"开发整合资源、推进城镇建设、加强社会保障",形成了农业龙头产业集团并建设了农民城和食品城。

荣成市青鱼滩村为应对渔业资源几近枯竭的现状,依托寻山集团探索"村企合一""集团化乡村振兴"模式,先后兼并了周边的樊家庄、罗家寨、万石耩、福台山等 8 个欠发达村庄,通过以强带弱,共同推进乡村振兴。目前,该村已建成海珍品苗种繁育基地、海上生态养殖基地、海产品精深加工基地、生态休闲旅游基地,海带养殖、贝类养殖技术在国内处于领先水平;其生态休闲旅游基地爱伦湾是首批国家级海洋牧场示范区,功能涵盖了海洋牧场展示厅、体验馆参观体验、游艇观光、海上大型娱乐平台、休闲垂钓、海上特色餐饮、民俗体验度假游等。

8.3 社会:就地城镇化发展,文化开放包容

8.3.1 人口老龄严重,就地城镇化显著

近海丘陵地区人口老龄化程度相对较高。根据第七次人口普查公报数据,截至 2020 年年底,近海丘陵地区 60 岁及以上人口占比 23.11%,其中 65 岁及以上人口占比 16.28%,高于山东省整体水平(20.90%、15.13%);四地市之间,烟台市、威海市老龄化程度严重,烟台市 60 岁及以上人口占比 25.68%,其中 65 岁及以上人口占比 18.12%,威海市则分别为 27.30% 和 19.26%[图 8-4(a)]。

随着城镇化持续发展,乡村青壮年的大量外迁,乡村人口老龄化现象较城市更为严重。以 2010 年第六次人口普查为例,近海丘陵地区各地市乡村人口中 60 岁及以上人口占比均远超常住人口总体水平,如威海市乡村人口 60 岁及以上人口占比为 26.00%,常住人口仅为 17.77%[图 8-4(b)]。经过 2010—2020 年间的快速城镇化发展,近海丘陵地区乡村地区老龄化形势将更为严峻。

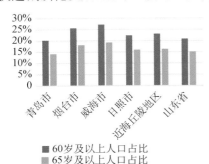
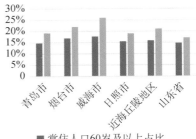

(a) 2020年近海丘陵地区老龄化程度   (b) 2010年近海丘陵地区老龄化程度

图 8-4 第六次、第七次人口普查近海丘陵地区老龄化程度
资料来源:山东省及各地市第七次人口普查公报;《山东省 2010 年人口普查资料》。

　　近海丘陵地区城镇化水平较高，并呈现出较为明显的就地城镇化特征，这很大程度上得益于近海丘陵地区县域经济和乡镇企业的发展。青岛胶南的泊里镇就是从普通小镇到新型城镇化的代表，这里的农民没有离乡进城，他们在家门口就近转移、就近就业、就近城镇化。随着董家港口的开建，大项目带来的蝴蝶共振效应逐步显现。与中石化合作的年 300 万吨 LNG 项目正在建设中，华能、大唐、荷兰孚宝等企业已纷纷入驻。企业入驻之初，泊里镇已与它们达成协议，要求劳务用工优先使用当地的农民。为了方便村民就业，镇里成立了董家口劳务公司，专门接洽招工培训、岗前教育等工作。这些大企业的存在，让该地区的农民就地实现了充分的非农就业。

8.3.2　公共服务趋好，设施布局集中

　　近海丘陵地区乡村经济发展较快，发展态势较好。近年来，山东省出台多项鼓励政策，支持乡镇综合文化站、乡村文化大院、农家书屋等工程建设。由于单个村庄规模较小，该地区基本公共服务设施分布较为集中，医疗、养老和文化设施服务较其他地形区更完善。虽然设施配置比例在山东省四个地区中相对较低（医疗为 51.28%，文化为 46.07%，养老为 15.42%），但其医疗设施和养老设施服务效率（7.54 个/万人，2.27 个/万人）高于其他三个地区，文化设施服务效率（6.77 个/万人）也仅低于黄河入海口地区[图 8-5(a)]。

　　对比省内其他地区，近海丘陵地区乡村教育设施服务尚有待提升。其中，幼儿园配置比例（20.09%）较低，但其服务效率（2.95 个/万人）高于省内其他地区；小学则配置比例（7.01%）和服务效率（1.03 个/万人）尚低于黄泛平原和鲁中南山地丘陵地区，与黄河入海口地区持平[图 8-5(b)]。该地区乡村教育设施质量正在逐步加强，中小学校舍改造、教学仪器更新工程陆续完成。

　　从近海丘陵地区内部来看，各地市乡村教育服务和文化服务水平差异较大，医疗服务水平发展较为均衡，养老服务水平有较大的提升空间。

　　在医疗卫生设施方面，青岛（7.62 个/万人）、烟台（7.20 个/万人）、威海（8.45 个/万人）、日照（7.43 个/万人）四市的医疗服务效率均高于山东省平均水

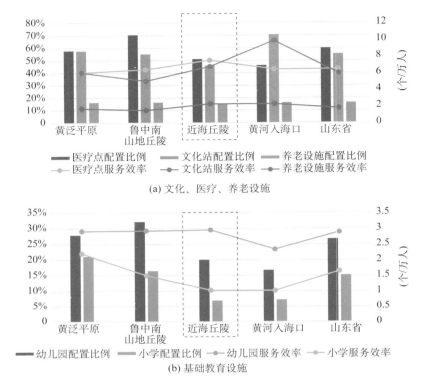

(a) 文化、医疗、养老设施

(b) 基础教育设施

图 8-5 2019 年山东省各地区乡村公共服务设施配置和使用情况
资料来源：2019 年山东省村庄基本情况摸底调查数据库。

平(6.47 个/万人)；但其配置比例较低，仅青岛市(59.24%)接近山东省平均水平(59.83%)。在文化设施方面，威海市文化设施的服务水平在地区内领先于其他三市，其文化站的配置比例达到 67.74%，服务效率为 13.64 个/万人；日照市的文化服务水平在地区内最低，其配置比例为 37.35%，服务效率为 4.98 个/万人。在养老设施方面，日照市配置比例达到 36.99%，服务效率达到 4.94 个/万人，居山东省各地市之首；其余三市养老设施的配置比例均低于山东省平均水平(16.15%)，但烟台市、威海市的服务效率居于前列(烟台 2.53 个/万人、威海 2.14 个/万人)[图 8-6(a)]。

在教育服务水平方面，青岛市的幼儿园、小学配置水平(29.20%，11.45%)和服务效率(3.76 个/万人，1.47 个/万人)均高于其他三市，这与青岛市在地区内相对较高的经济发展水平有关。威海市的教育设施相关指标均为地区最低值,且与青岛市差距较大。根据 2019 年山东省村庄基本情况摸底调查数据库来看,威海市 600 人以上的村庄比例为 30.53%,远低于青岛(52.35%)、烟台(36.99%)和日照(48.60%)三市;此外村庄空心化率可能也是其基础教育设施服务水平较低的原因之一,威海市宅基地闲置比例为 21.43%,高于其他三市(日照为 7.32%,青岛为 9.95%,烟台为 13.44%)[图 8-6(b)]。

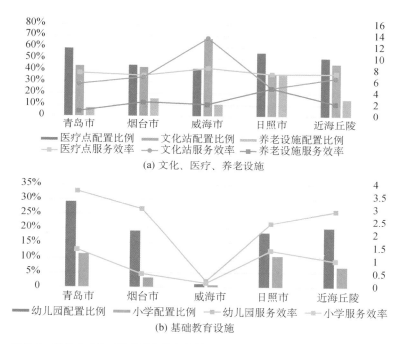

(a) 文化、医疗、养老设施

(b) 基础教育设施

图 8-6　2019 年近海丘陵地区各地市乡村公共服务设施配置和使用情况
资料来源:2019 年山东省村庄基本情况摸底调查数据库。

8.3.3　齐文化引发展,海文化塑信仰

齐文化是近海丘陵地区的文化底色。经济上,齐文化面对临海和土地贫瘠的现状,除继承传统重视农桑的观点之外,还实行"通商工之业,便鱼盐之利"的政策,发展渔业和造盐业及纺织业。据《即墨县志・第一卷方舆、风俗》记载,"其俗重礼仪,勤耕织,男通渔盐之利,女有纺绩之业",就是这一现象的集中表现。政治上,齐主张"尊贤上(尚)功",这种观点淡化了血缘关系,不再任人唯亲,异姓

宗族也可以在齐有较好的发展,对周边地区的人民有较大的吸引力。文化上,齐文化"因其俗,简其礼",体现其宽松性和包容性,最终齐文化成为一种务实际、合时俗,具有开放性、变通性和兼容性的功利性文化传统①。

海文化是近海丘陵地区人民重要的精神支撑,其中的妈祖文化是海文化的核心组成部分。对于生活在海边的人民来说,出海捕鱼常常要冒着生命的危险,妈祖成为永保海上平安的神灵和渔民心灵上的寄托。自宋初到清末,妈祖文化通过军事将领、船员、渔民、海商和华侨的传播,成为渔民生活中最具影响的民俗文化。如今,为祀奉妈祖而建立的海神庙仍是诸多胶东半岛渔村最重要的公共建筑②。

此外,龙文化也是海文化的重要组成部分。在近海丘陵的传统民居中,以盘龙柱、龙头喷水口等龙题材和水生动植物为题材的装饰屡见不鲜,在建筑色彩上也呈现出体现海文化的尚黑倾向。

8.4 人居空间:村落依山伴海,海防特色鲜明

8.4.1 山海地势独特,村落规模各异

根据 2019 年山东省村庄基本情况摸底调查数据库统计,近海丘陵地区村庄规模相对山东省平均水平整体较小,1 000 人以上村庄占 19.66%,600～1 000 人村庄占 23.71%,而山东省 1 000 人以上村庄占 31.06%,600～1 000 人村庄占 25.70%。不同的地形条件也使得村庄规模内部差异较大,烟台、威海两市村庄规模较青岛、日照两市更小,威海市 200 人以下村庄占 23.23%,1 000 人以上村庄仅占 12.68%[图 8-7(a)]。

近海丘陵地区自然村密度相对较低,且各市之间差异较大。青岛、烟台两市自然村密度仅为 0.64 个/平方千米、0.56 个/平方千米,远低于山东省 0.81 个/平方千米的平均水平[图 8-7(b)]。这一方面是近海丘陵地区受地形起伏影

---

① 王龙. 胶东地区传统村落空间形态研究[D]. 广州:华南理工大学,2015.
② 李政,曾坚. 胶东传统民居与海上丝绸之路——文化生态学视野下的沿海聚落文化生成机理研究[J]. 建筑师,2005(3):69-73.

响,乡村建设空间有限,导致了村庄规模普遍不大;另一方面,由于近海丘陵地区城镇化水平较高,使得很多村庄人口大量流失,空心化程度较高,村庄规模收缩态势明显。

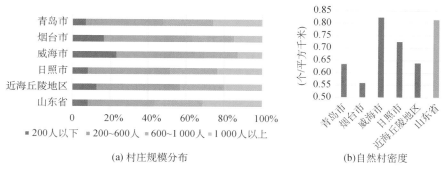

(a) 村庄规模分布　　　　　　　　(b)自然村密度

图 8-7　2019 年近海丘陵地区各地市村庄规模和密度
资料来源:2019 年山东省村庄基本情况摸底调查数据库,山东省、青岛市、烟台市、威海市、日照市第三次农业普查公报。

　　由于多丘陵山地、三面环海,且有着曲折绵长的海岸线,近海丘陵地区在村庄分布上主要有沿海分布和丘陵之间分布两种类型。大多数的沿海村庄会选择开敞平缓的近海地域,以渔业生活为主[图 8-8(a)]。丘陵型一般距离海洋有一定的距离,多位于背靠青山的山脚下或沿南向的山脊展开,其后多有较高的丘陵以阻隔北方冬季的寒冷,而南面一般开阔平坦以更好地接受冬日温暖的阳光①[图 8-8(b)]。

(a) 荣成市俚岛镇东烟墩村　　　　　　(b) 栖霞市上谢村

图 8-8　沿海分布的村庄和丘陵间分布的村庄
资料来源:山东省天地图。

---

① 王祝根.胶东传统民居环境保护性设计研究[D].武汉:华中科技大学,2007.

8.4.2 布局依山面海,海防卫所典型

沿海地区的村庄布局多因借地势依山面海而建,在村内地形坡度跨度相对较小的地带沿海面展开,顺着地势形成鱼骨式布局;而山地村落顺山而就,则无定形。这两种不同地形情况下形成的村落都基本呈阶梯型分布[①](图 8-9)。

图 8-9 沿海村庄空间布局基本模式
资料来源:《山东半岛沿海村落景观调查与保护研究》。

山地型村庄的肌理取决于山势的起伏变化。烟台牟平养马岛地貌以低山丘陵为主,孙家瞳村所在的东部山丘丘体浑圆,坡地较缓。为了少占平坦耕地,村落布置在地形起伏不平的山麓阳面,依山而筑。村内道路依地形高差产生高低错落的层次变化,与背后绵延起伏的山体交相呼应,相映成辉。孙家瞳村以筑台的方式,通过挖填将山坡整成一条条不同高度的带状台地,然后再在台地上建房。一般情况下,同一台地的高度保持相同,保证了在同样的地面高度上,相连的左邻右舍的房屋高度保持一致,横向关系由此形成,这也使得村落整体的房屋布局能够整齐划一,保证街道的整齐性。主要的行车道路多与等高线相交甚至垂直,然后分支处次要道路联通每个平台,构成支状的交通系统,形如鱼骨[②](图 8-10)。

沿海型村庄多位于缓坡向阳临海处。如荣成市楮岛村,户与户之间呈纵向或横向排列。村庄内巷道宽直,纵横交错,3~5 幢排列成一个整体,横向巷道窄,纵向街道宽,形成主次有序的街道空间形态[③](图 8-11)。

① 李旸. 山东半岛沿海村落景观调查与保护研究[D]. 北京:北京林业大学,2013.
② 关丹丹. 烟台牟平养马岛孙家瞳村落与民居探究[D]. 昆明:昆明理工大学,2011.
③ 褚兴彪,熊兴耀,杜鹏. 海草房特色民居保护规划模式探讨——以山东威海楮岛村为例[J]. 建筑学报,2012(06):36-39.

图 8-10　孙家瞳村依山而建
资料来源:《烟台牟平养马岛孙家瞳村落与民居探究》。

图 8-11　荣成市楮岛村
资料来源:山东省天地图。

　　此外,海防卫所型村庄也是山东近海丘陵地区颇具特色的传统村落形式
(图 8-12)。明朝海防体系分为"营""卫""所""司"四级,其中卫和所是海防建制
中最主要的军事据点。卫所周边多设有烟墩、寨堡、军屯,共同组成了完整的海
防单元(图 8-13)。作为抵御倭寇从海上入侵的军事防御设施,海防卫所不仅是
我国传统军事文化的重要历史遗存,其空间布局和街巷肌理同样具有重要的历
史价值。

图 8-12　近海丘陵地区典型的海防卫所型传统村落分布图
资料来源：根据《胶东地区海防卫所型传统村落形态与保护研究》重绘。

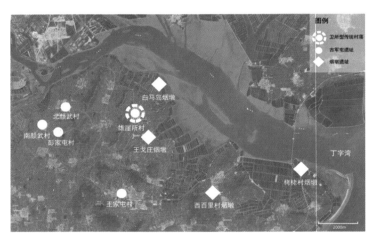

图 8-13　雄崖所村海防体系分布图
资料来源：根据《胶东地区海防卫所型传统村落形态与保护研究》重绘。

　　海防卫所型传统村落选址多出于海上军事防御的需要，呈现出"依高、据险、控海、通达"的典型特征。在明朝"修城垣以固保障"的防御工事建设思想的影响下，卫所多筑有坚固的城墙，城垣平面以长方形或正方形为主，分为东南西北四墙，各有一门，每个城门上都设置有城门楼。卫所主街多结合地势呈"十字形"，并以此为轴线联系各个城门和主要公共建筑空间节点，而主街两侧主要以商业用途为主,建筑多呈现对称布局。大部分卫所内部建筑密度较高,只有在衙门、寺庙、点兵台等公共建筑前才出现开阔的公共场地①(图 8-14)。

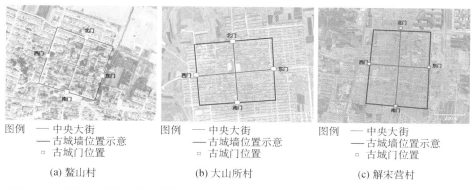

图例 —— 中央大街
　　　 —— 古城墙位置示意
　　　 ▫ 古城门位置

(a) 鳌山村

图例 —— 中央大街
　　　 —— 古城墙位置示意
　　　 ▫ 古城门位置

(b) 大山所村

图例 —— 中央大街
　　　 —— 古城墙位置示意
　　　 ▫ 古城门位置

(c) 解宋营村

图 8-14　典型海防卫所型传统村落平面图
资料来源:《胶东地区海防卫所型传统村落形态与保护研究》,郑鲁飞。

　　山东近海丘陵地区的海防卫所型传统村落具有重要的历史价值,但值得警惕的是除了极少数村庄入选历史文化名村得以保护外,数量众多的海防卫所型传统村落的村庄肌理、传统风貌遭到了自然和人为原因的破坏。

8.4.3　海草民居稀存,保护发展并重

　　海草房又称海苔房、海带草房,是近海丘陵地区最具代表性的传统生态民居②。用于建造海草房的"海草"一般是生长在 5~10 米浅海的大叶海苔等野生藻类。海草生鲜时颜色翠绿,晒干后变为紫褐色,柔韧度较高。海草中含有大量的卤和胶质,用它粘成厚厚的房顶,可以持久耐腐、防漏、吸潮③。

　　海草房的空间构成也独具特色,从外观造型到内部家具配置都体现了海边居民的地域文化观、生态观、审美观以及价值观,使得海草房有极强的"海文化"特征。海草房的独立建筑布局一般为一正一厢、三合院、小四合院等。例如荣成市楮岛村以三合院居多,建筑布局体现了人居的主次、功能、用途的合理性与便

①　郑鲁飞.胶东地区海防卫所型传统村落形态与保护研究[D].青岛:青岛理工大学,2020.
②　山东民居:生态型的海草房[J].中华民居,2011(1):94-95.
③　褚兴彪,熊兴耀,杜鹏.海草房特色民居保护规划模式探讨——以山东威海楮岛村为例[J].建筑学报,2012(6):36-39.

捷性。由于近海丘陵地区平地较少,因而海草房墙身材料多就地取材,选用当地的山石作为墙体建筑材料。不少海草房从勒脚至檐下均用石材砌筑,屋顶的浅紫色海带草或淡黄色的稻草与砌筑墙身的不规则青石形成色彩和材料上鲜明对比,再配以不同高度的毛石围墙和附属用房,单体建筑的景观层次显得十分丰富[①](图8-15)。

图8-15　威海渔村的海草房

随着近海丘陵地区乡村生活水平的不断提高,城市生活观念和居住方式的不断渗入,海草房的居住功能被新式住宅所代替,目前威海的大多数渔村已不再将海草房作为村民居住空间使用。此外,随着近海养殖的增多,海草生长受限,原料的匮乏也是其过快消亡的原因之一。随着乡村旅游的发展,海草房的保护工作逐渐开始受到当地政府和村民的重视,通过集中发展海草房特色民宿等方式,在海草房的保护与开发方面取得了较好的平衡。

8.4.4　市政短板尚存,设施水平参差

从2019年山东省各地区乡村统计数据情况来看,近海丘陵地区乡村的市政设施供应仍尚显欠缺。在环卫设施方面,每12.55户设置一个垃圾桶,低于其他

---

① 李政,李贺楠.胶东传统渔村民居的水文化特征[J].中国房地产,2003:77-78.

地区；已改厕户数比虽高于全省平均水平，但仍低于黄泛平原和黄河入海口地区[图 8-16(a)]。在污水设施、供水设施和供暖设施方面，近海丘陵地区相比其他地形区较为落后，有生活污水集中处理的村庄比例为 13.92%[图 8-16(b)]，有自来水供应的村庄比例为 84.51%[图 8-16(c)]，有集中供暖的村庄比例仅为 4.44%[图 8-16(d)]。

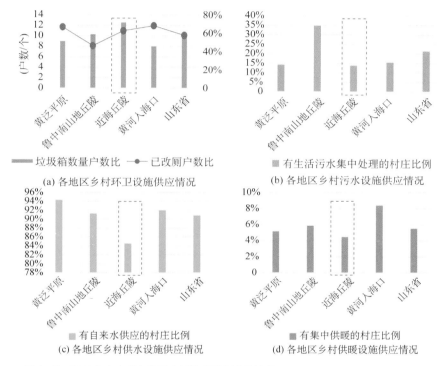

(a) 各地区乡村环卫设施供应情况

(b) 各地区乡村污水设施供应情况

(c) 各地区乡村供水设施供应情况

(d) 各地区乡村供暖设施供应情况

图 8-16　2019 年山东省各地区乡村基础设施配置情况
资料来源：2019 年山东省村庄基本情况摸底调查数据库。

从近海丘陵地区内部来看，各地市市政设施供应水平参差不齐。在环卫设施方面，青岛、烟台、威海和日照四市的垃圾箱数量户数比均较低，日照、烟台两市相对较高，日照市平均 20.48 户配置 1 个垃圾桶，烟台为 18.03 户；改厕比例上，烟台市为 45.13%，其余三市均远超山东省平均水平[图 8-17(a)]。在污水设施方面，烟台市和日照市有生活污水集中处理的村庄比例尚低于地区平均值，分别为 12.40% 和 9.87%[图 8-17(b)]。

在供水设施方面，青岛市有自来水供应的村庄比例达 90.49%，位列地区内

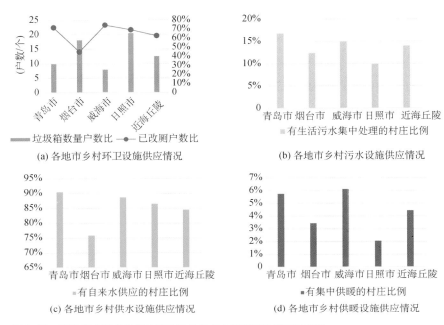

图 8-17 2019 年山东省近海丘陵地区各地市乡村基础设施配置情况
资料来源：2019 年山东省村庄基本情况摸底调查数据库。

首位,但仍未达到山东省平均水平;威海市和日照市供应比例在 85% 以上;烟台市有自来水供应的村庄比例为 75.58%[图 8-17(c)]。在供暖设施方面,威海市有集中供暖的村庄比例最高,青岛市供应水平与其相近;烟台和日照两市有集中供暖的村庄比例则有待提升[图 8-17(d)]。

第 9 章　黄河下游乡村宜居度的
影响因素解析

在对黄河下游乡村人居环境总体特征和地区差异进行分析评价的基础上，以村庄为基本研究单元，综合考察主观、客观两个视角，构建乡村宜居度评价体系；从地域环境、经济发展、社会环境和外部投入四个维度，对比不同类型村庄的宜居度差异；从村民的主观感受和人口流动两个方面，分别分析对村民宜居度感知影响较大的客观因素，探究乡村人居环境提升改善的工作重点。

9.1　样本概况

本次研究共现场调研了山东省 33 个村庄样本，获取了 689 个农户样本、2 029 个农户家庭成员样本，涉及山东省 6 个市县，包括郓城、商河、东营、蒙阴、招远、荣成等。平均每市县的村庄样本量约为 6 个，每村的农户样本数约为 20 户（表 9-1、图 9-1）。

表 9-1　调研样本情况

市县	镇(乡)数	调研村庄数量	调研农户数量	调研农户家庭成员数量
郓城	6	6	112	374
商河	3	6	114	414
蒙阴	2	5	93	298
东营	3	4	132	320
招远	3	6	119	311
荣成	2	6	119	312

图 9-1　调研村庄样本分布示意

9.1.1　村庄样本类型分布

1. 宏观区位

从宏观区位上看，样本在山东的黄泛平原、鲁中南山地丘陵、黄河入海口、近海丘陵等 4 个典型地区均有分布。作为研究重点的沿黄地区，选取了 3 个样本区。其中，东营位于黄河入海口地区，商河和郓城分别位于黄泛平原地区的鲁西北和鲁西南地区，基本可以代表山东省内沿黄县市的主要类型（表 9-2）。

表 9-2　村庄样本的宏观区位分布

宏观区位	调研村庄数量	调研农户数量	调研农户家庭成员数量
黄泛平原	12	226	788
鲁中南山地丘陵	5	93	298
黄河入海口	4	132	320
近海丘陵	12	238	623

2. 中观区位

从中观区位上，定义城区周边村庄为城郊村，镇区周边村庄为近郊村，既远离镇区又远离城区的村庄定义为远郊村。样本村庄中近郊村最多，城郊村和远郊村大致相当（表 9-3）。

表 9-3　村庄样本的中观区位分布

中观区位	调研村庄数量	调研农户数量	调研农户家庭成员数量
城郊村	9	173	541
近郊村	16	308	927
远郊村	8	208	561

3. 产业类型

农业产业类型上,以种植业为主的样本村庄占 82%;渔业养殖样本村庄占 12%,均位于荣成;林业样本村庄占 6%,位于蒙阴和东营;村庄农村产业类型与各样本区整体情况一致(图 9-2)。另外,有 10 个村庄发展非农产业,分布在荣成、郓城和招远三个县市,其中旅游业、专业服务业发展较好的村庄各占 30%,商贸业、工业发展较好的村庄各占 20%(图 9-3)。

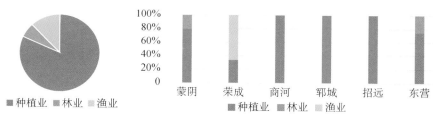

图 9-2　村庄样本农业产业类型分布

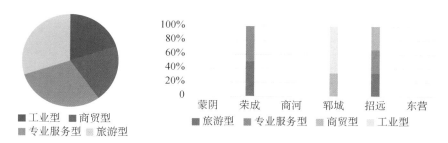

图 9-3　村庄样本非农产业类型分布

4. 社会属性

村庄样本中含历史文化名村 1 个、传统村落 7 个(表 9-4)。

表 9-4　村庄样本的历史文化属性

历史文化属性	村庄数量	村民数量	家庭成员数量
省、市、县级历史文化名村	1	20	50
一般传统村落	7	140	388
非传统村落	25	539	1 591

5. 样本村庄类型汇总

　　从样本村庄的地理属性、经济属性、社会属性和空间属性等 4 个维度，将样本村庄进行分类型汇总（表 9-5）。

表 9-5　村庄样本按属性分类的总量情况

地理属性	宏观区位	黄河入海口	鲁中南山地丘陵	黄泛平原	近海丘陵	总量
		4	5	12	12	33
	中观区位	城郊村	近郊村	远郊村		
		9	16	8		33
	地形因素	山区村	丘陵村	平原村	山区平原村	
		5	9	19		33
经济属性	区域发达程度	发达	欠发达			
		22	11			33
	村庄发达程度	发达	中等	欠发达		
		7	11	15		33
	农业类型	种植业	林业	畜牧业	渔业、养殖业	
		27	2	0	4	33
	特色产业类型	工业型	专业服务型	旅游型	商贸型	
		2	3	3	2	10
社会属性	主要民族	少数民族	汉族			
		0	33			33
	历史文化	列入中国传统村落名录	省级历史文化名村	一般传统村落	非传统村落	
		0	1	7	25	33
	人口流动	人口流入为主	人口基本平衡	人口大量外出		
		3	22	8		33

（续表）

空间属性	村庄规模	大村	较大村	中等村	小村	
		7	11	12	3	33
	村庄类型	集中居住	混合型	散点居住	新农村建设的集中居民点	
		20	4	4	5	33

9.1.2　农户样本代表性分析

本次调研涉及农户 689 户，涉及村民及家属 2 029 人。从性别结构上看，调研样本中男性比例约占 52%；从年龄结构上看，调研样本中 50—69 岁人口比例偏高；从文化结构上看，文化水平总体偏低，这主要由于调研是在工作日进行，留守家中的乡村人口大多能力偏弱、年龄较大或劳动技能较缺乏。从职业构成上看，调研样本中 58.02% 的村民从事与农业有关的工作（包括务农和半工半农），36.04% 的村民脱离农业。

9.2　乡村宜居度评价体系

9.2.1　评价原则

1. 客观评价和主观评价相结合原则

乡村人居环境的优劣是村民能够直观感受到的，因此以村庄为对象的宜居度评价更强调村民对村庄建设和发展的主观评价。

2. 全面性和代表性原则

充分考虑不同范围、不同区域村庄自然地理条件、经济发展水平等的差异，选取山东省不同地区不同村庄属性的村庄作为研究对象，使研究结果更具有代表性。

3. 层次性和整体性原则

评价指标体系的构建建立在层次分明且整体性强的基础上,各项指标之间有机互补,力求从不同角度和不同层次科学全面地反映乡村宜居度,使评价结果更加科学合理。

4. 可操作性原则

考虑到乡村人居环境评价的复杂性以及村庄面板数据相对缺乏的现状,在建立指标体系时注意数据的可获得性和可操作性。

9.2.2　指标体系构建

考虑到人居环境评价的复杂性,难以用统一、客观的标准进行衡量,为增强评价结果的可信度,将评价指标体系分为客观供给和主观感受两个角度,分别从乡村生态环境、经济环境、社会环境和空间环境四个维度构建乡村宜居度评价体系。

其中,客观供给主要是针对村庄建设水平和村庄发展环境等各方面的客观条件,即直接支撑和影响村民生活的各项物质要素以及间接影响村庄发展和村民个人发展的区域环境、社会环境等,共计 26 个指标(表 9-6)。其中,乡村生态环境包括自然环境和人工环境两部分,针对村庄的自然生态环境和环境污染治理进行评价,包括村庄地形地貌、自然灾害以及对村庄环境影响最大的污水治理设施、垃圾收集设施、村庄周边的污染企业等;乡村经济环境包括区域经济环境和村庄经济发展两部分,区域经济环境主要包括所属地级市经济发达程度和农民收入情况,村庄经济发展则主要针对乡村居民的经济收入和产业进行评价,包括人均纯收入、村集体收入、休闲农业服务业的发展等;乡村社会环境包括人文环境和公共服务两方面,人文环境评价主要针对村民对村庄未来发展的信心、人际关系、社区组织、历史文化属性等进行评价;公共服务则包括村庄外部给予村庄的政策、资金支持以及村庄内部各项公共服务的覆盖情况和服务质量;乡村空间环境主要针对住房环境和村庄建设情况,住房环境包括住房面积、质量、改厕比例、建房活跃程度等,村庄建设则包括道路和市政设施覆盖情况、村庄是否编制规划等。

表 9-6　乡村宜居性客观评价体系

系统层	1级指标层	指标层权重	指标	指标权重	计算方式
乡村生态环境	自然环境	6.58%	本村地形属性	2.27%	平原:100%;丘陵:90%;山区平原:70%;山区:50%
			本村的自然灾害属性描述	4.31%	宜人:100%;一般:50%;干旱/洪水/塌方:20%;地震/多灾:0%
	人工环境	10.45%	是否有污水处理设施	4.03%	是为1;否为0
			是否有垃圾收集设施	2.70%	是为1;否为0
			5千米内是否有污染型企业	3.72%	是为0;否为1
乡村经济环境	区域经济环境	6.75%	所处地级市经济发达程度	3.49%	所属地级市人均GDP与山东省人均GDP的比值
			所属地级市农民收入情况	3.26%	所属地级市农民人均可支配收入与山东省农民人均可支配收入的比值
	村庄经济发展	17.62%	农民人均纯收入	8.91%	—
			村集体收入	4.43%	—
			村中休闲农业和服务业开发进展	4.28%	正在建设:40%;进展顺利:100%;初具规模:60%;进展一般:40%;经营困难:0%;准备开始:20%;没有:0%
乡村社会环境	人文环境	15.31%	村民对村庄未来发展的信心	3.65%	持续繁荣为1,衰败为0
			与村里亲友邻里来往关系	4.17%	来往密切程度(1~5分)×20%
			村内能人的带动作用	4.08%	有为1,无为0
			村庄历史文化属性	3.41%	中国传统村落名录:100%;省级历史文化名村:70%;一般传统村落:50%;非传统村落:0%
	公共服务	16.08%	2015年人均政府拨款	4.73%	政府当年拨款金额/常住人口
			2015年养老保险补助总金额	3.07%	乡村养老保险年度补助金额60岁以上人口数
			村镇公交普及率	1.74%	是否有村镇公交
			服务设施普及率	4.32%	村庄是否有卫生室;是否有养老服务;是否有文体设施;是否有图书室;是否有公共空间
			子女小学就学单程距离	2.22%	4分(0~1千米),3分(1~1.5千米),2分(2~2.5千米),1分(大于3千米)
乡村空间环境	住房环境	16.41%	户均住房建筑面积	3.65%	总住房面积/村庄户数
			建筑质量	4.40%	2000年以来新建住房数量/总住房数量
			使用卫生厕所的户数/户籍总户数	3.96%	使用卫生厕所的户数/户籍总户数
			2010年以来建房活跃程度	4.40%	2010年以来年新建住房数量/总住房数量

(续表)

系统层	1级指标层	指标层权重	指标	指标权重	计算方式
乡村空间环境	村庄建设	10.83%	3米以上道路面积比例	3.45%	宽度3米以上村内道路面积/村庄建设用地面积
			市政设施普及率	3.67%	供水普及率是否达到90%;供电普及率是否达到90%;供气普及率是否达到90%;电话普及率是否达到90%
			是否编制村庄规划	3.71%	是为1;否为0

主观感受与客观供给相对应,包括生活状态整体满意度以及村民对乡村生态、经济、社会和空间环境等客观供给的分项满意度,共计12个指标(表9-7)。

表9-7　乡村宜居度主观评价体系

系统层	指标层	指标占比
总体满意度	目前生活状态满意度	16%
乡村生态环境	本村庄空气质量、水质量评价	6%
	本村庄环境卫生状态评价	6%
乡村经济环境	对生活在村内的经济条件是否满意	16%
乡村社会环境	公共交通设施满意度	4%
	村卫生室满意度	4%
	对子女就学满意度	4%
	文体活动设施满意度	4%
	村民对政府实施的政策项目的总体评价	12%
乡村空间环境	对近年乡村建设是否满意	12%
	个人住宅满意度	4%
	村庄居住条件满意度	12%

9.2.3　乡村宜居度评价结果

在对所选村庄的相应指标数据筛选后,进行无量纲化,将所有指标量化到0~1之间,保证指标处在同一比较量级,最后得出评分如表9-8、表9-9所示。

表 9-8 样本村庄宜居度客观评价结果

省市	县(区)	镇街	村	乡村宜居度客观评价				
				总分	生态环境	经济环境	社会环境	空间环境
临沂	蒙阴县	常路镇	北松林村	0.46	0.12	0.15	0.01	0.18
		联城镇	大城子村	0.51	0.16	0.20	0.07	0.08
		联城镇	类家城子社区	0.53	0.12	0.19	0.07	0.15
		常路镇	南松林村	0.43	0.12	0.17	0.02	0.12
		联城镇	小山口村	0.69	0.16	0.24	0.11	0.18
威海	荣成市	寻山街道	大黄家村	0.45	0.09	0.19	0.08	0.09
		俚岛镇	大庄许家社区	0.64	0.13	0.16	0.20	0.15
		寻山街道	嘉鱼汪村	0.43	0.13	0.12	0.13	0.05
		俚岛镇	西利查埠村	0.34	0.09	0.11	0.09	0.05
		俚岛镇	烟墩角村	0.70	0.17	0.22	0.19	0.12
		寻山街道	赵家村	0.68	0.17	0.21	0.11	0.19
济南	商河县	白桥镇	窦家村	0.54	0.17	0.14	0.08	0.15
		白桥镇	南董村	0.50	0.13	0.10	0.08	0.19
		沙河镇	后邸村	0.57	0.13	0.23	0.06	0.15
		沙河镇	潘家村	0.45	0.14	0.12	0.08	0.11
		玉皇庙镇	柳官庄村	0.59	0.13	0.18	0.13	0.15
		玉皇庙	瓦西村	0.60	0.17	0.21	0.14	0.08
菏泽	郓城县	侯咽集	陈楼村	0.37	0.13	0.14	0.02	0.08
		黄安镇	季垓村	0.55	0.13	0.19	0.08	0.15
		南赵楼	六合苑社区村	0.57	0.11	0.19	0.07	0.20
		杨庄集镇	南何村	0.49	0.13	0.19	0.02	0.15
		随官屯	随西村	0.56	0.17	0.20	0.05	0.14
		丁里长	于南村	0.45	0.07	0.20	0.09	0.09
烟台	招远市	齐山镇	岔道村	0.50	0.10	0.20	0.09	0.11
		阜山镇	大疃村	0.55	0.13	0.22	0.10	0.10
		金岭镇	南截村	0.40	0.09	0.16	0.11	0.04
		阜山镇	西观阵庄村	0.40	0.09	0.15	0.07	0.09
		齐山镇	下林庄村	0.55	0.13	0.21	0.08	0.13
		金岭镇	草沟头村	0.45	0.09	0.18	0.08	0.10

（续表）

省市	县（区）	镇街	村	乡村宜居度客观评价				
				总分	生态环境	经济环境	社会环境	空间环境
东营	东营区	龙居镇	三里村	0.44	0.09	0.17	0.10	0.08
		龙居镇	曹店村	0.47	0.13	0.15	0.08	0.11
	垦利区	胜坨镇	后彩村	0.60	0.17	0.16	0.17	0.10
		黄河口镇	生产村	0.54	0.13	0.20	0.12	0.09

表 9-9　样本村庄宜居度主观评价结果

省市	县（区）	镇街	村	乡村宜居度主观评价					
				总分	生活状态	生态环境	经济环境	社会环境	空间环境
临沂	蒙阴县	常路镇	北松林村	0.89	0.14	0.12	0.22	0.15	0.26
		联城镇	大城子村	0.85	0.14	0.12	0.20	0.14	0.25
		联城镇	类家城子社区	0.91	0.13	0.12	0.26	0.13	0.27
		常路镇	南松林村	0.94	0.15	0.12	0.25	0.15	0.27
		联城镇	小山口村	0.98	0.15	0.12	0.28	0.15	0.28
威海	荣成市	寻山街道	大黄家村	0.85	0.14	0.11	0.23	0.14	0.23
		俚岛镇	大庄许家社区	0.91	0.14	0.12	0.23	0.15	0.27
		寻山街道	嘉鱼汪村	0.82	0.13	0.12	0.19	0.14	0.24
		俚岛镇	西利查埠村	0.80	0.13	0.12	0.18	0.13	0.24
		俚岛镇	烟墩角村	0.89	0.15	0.12	0.21	0.15	0.26
		寻山街道	赵家村	0.93	0.15	0.12	0.23	0.15	0.28
济南	商河县	白桥镇	窦家村	0.81	0.13	0.10	0.19	0.14	0.25
		白桥镇	南董村	0.74	0.13	0.09	0.15	0.13	0.24
		沙河镇	后邸村	0.88	0.14	0.12	0.21	0.15	0.26
		沙河镇	潘家村	0.77	0.13	0.11	0.19	0.12	0.22
		玉皇庙镇	柳官庄村	0.83	0.13	0.12	0.20	0.14	0.24
		玉皇庙	瓦西村	0.89	0.15	0.12	0.20	0.16	0.26
菏泽	郓城县	侯咽集	陈楼村	0.81	0.13	0.12	0.20	0.14	0.22
		黄安镇	季垓村	0.87	0.15	0.12	0.21	0.14	0.25
		南赵楼	六合苑社区村	0.77	0.11	0.10	0.20	0.13	0.23
		杨庄集镇	南何村	0.85	0.13	0.12	0.21	0.14	0.25
		随官屯	随西村	0.73	0.11	0.08	0.23	0.12	0.19
		丁里长	于南村	0.89	0.15	0.07	0.25	0.15	0.27

（续表）

省市	县（区）	镇街	村	乡村宜居度主观评价					
				总分	生活状态	生态环境	经济环境	社会环境	空间环境
烟台	招远市	齐山镇	岔道村	0.74	0.11	0.10	0.19	0.12	0.22
		阜山镇	大瞳村	0.85	0.14	0.11	0.23	0.14	0.23
		金岭镇	南截村	0.86	0.13	0.09	0.24	0.14	0.26
		阜山镇	西观阵庄村	0.88	0.15	0.11	0.22	0.14	0.26
		齐山镇	下林庄村	0.85	0.14	0.10	0.22	0.14	0.25
		金岭镇	草沟头村	0.76	0.13	0.09	0.19	0.13	0.22
东营	东营区	龙居镇	三里村	0.75	0.10	0.11	0.20	0.13	0.21
		龙居镇	曹店村	0.83	0.13	0.10	0.24	0.12	0.24
	垦利区	胜坨镇	后彩村	0.88	0.14	0.11	0.25	0.15	0.23
		黄河口镇	生产村	0.89	0.14	0.12	0.22	0.14	0.27

从结果来看，乡村宜居度客观评价较主观评价结果更为分散，分布在[0.34，0.70]之间，呈现"中间值多、两端少"的特征，在(0.41，0.56]区间内集中了57.6%的样本。而主观评价结果集中在[0.73，0.98]区间内，分布较为平均（图9-4）。

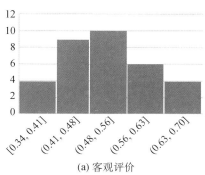

(a) 客观评价

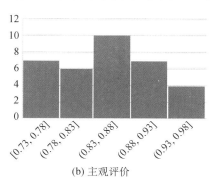

(b) 主观评价

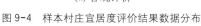

图9-4 样本村庄宜居度评价结果数据分布

9.3 客观供给评价的影响因素解析

从村庄所处的地域环境、经济发展、社会环境和外部投入四个维度，分别分析乡村宜居度在客观供给层面的差异。其中经济环境虽然是村庄人居环境的具体表征之一，但其又是影响乡村宜居度的主要因素，且受区域环境影响较大，因此后续分析中不再涉及对乡村经济环境客观供给的影响要素分析。

9.3.1 地域环境

1. 地形因素

从地形因素看,33 个样本村庄中地处山区的村庄样本(5 个)生态环境和空间环境的客观评价较高,其次是平原地区村庄样本(19 个),地处丘陵的村庄样本在社会环境上评分较高(图 9-5)。

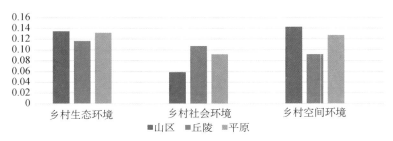

图 9-5　分地形因素的乡村宜居度客观供给评价结果

生态环境建设上,由于地形平坦,基础设施建设成本相对较低,因此平原村庄样本中 57.9% 的村庄都建有污水处理设施,而丘陵村庄样本的比例为 22.2%,山区村庄的比例为 40.0%;而由于交通便利,土地开发成本低,42.1% 的平原村庄样本中在 5 千米范围内都有污染型企业,丘陵村庄样本为 44.4%,山区村庄样本周边则没有污染型企业。因此综合来看山区村庄样本的生态环境质量较高,其次是平原地区样本,丘陵地区样本相对最低。

社会环境建设上,由于平原地区交通便利、成本更低,其村庄样本村镇公交普及率远高于丘陵和山区村庄,有 57.9% 的样本村庄通了公交,在小学就学距离上也优于丘陵和山区;服务设施普及率和服务设施质量上,丘陵村庄样本高于山区村庄样本,二者均高于平原村庄(图 9-6、图 9-7);而在社会氛围上,平原村庄样本由于集聚程度更高,村民与亲友邻里来往关系更为亲密。

空间环境建设上,在住房方面平原村庄样本的户均住房面积高于山区村庄样本和丘陵村庄样本,而建筑质量上山区村庄样本远高于平原村庄样本和丘陵村庄样本(图 9-8、图 9-9);而 2010 年以来平原地区建房控制更为严格,山区、丘陵村庄样本的建房活跃度都高于平原地区;在市政设施方面平原村庄样本的市政设施普及率高于山区、丘陵村庄样本;3 米以上道路面积比例则是山区村庄样本远高于丘陵和平原地区。

图 9-6　蒙阴小山口社区服务中心(山区)　　　图 9-7　蒙阴类家城子村委会(丘陵)

图 9-8　蒙阴县小山口村(山区)　　　　　　图 9-9　商河县瓦西村(平原)

2. 区位因素

从区位因素看,如图 9-10 所示,33 个样本村庄中城郊村庄样本(9 个)生态环境客观评价较高,远郊村庄样本(8 个)社会环境客观评价较高,近郊村庄样本(16 个)空间环境客观评价较高。

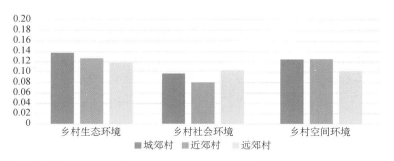

图 9-10　分区位因素的乡村宜居度客观供给评价结果

生态环境建设上,由于城郊村地处城镇内,基础设施建设的距离成本相对较低,因此城郊村庄样本中66.7%都建有污水处理设施,而近郊村庄样本该比例为31.3%;而由于污染设施的邻避效应,以及考虑到土地开发成本的影响,近郊村庄样本中81.3%在5千米范围内都有污染型企业,而城郊村庄样本只有66.7%,远郊村庄样本为25.0%。综合考虑地形、地质灾害等多种因素,城郊村庄样本的生态环境建设质量较高,近郊与远郊村庄样本相差较小(图9-11、图9-12)。

图9-11　东营生产村(远郊)

图9-12　荣成大庄许家村(近郊)

社会环境建设上,由于城郊村庄样本处于城镇内部、远郊村庄样本有自身乡村公交系统,其村镇公交普及率远高于近郊村庄样本,分别有66.7%和75.0%通了公交,而近郊村庄样本普及率仅为31.3%;在小学就学距离上三者相差不大;在服务设施建设水平上,城郊村庄样本高于近郊村庄样本,二者均高于远郊村庄样本(图9-13、图9-14);在社会氛围上三者相差不大,村民与亲友邻里来往都较为亲密,但远郊村庄样本中村内能人带动作用强的比例明显低于城郊和近郊村庄样本。

图9-13　荣成赵家村(城郊)

图9-14　郓城六合苑村(远郊)

　　空间环境建设上,在住房方面城郊村庄样本的户均住房面积高于近郊和远郊村庄样本,且在建筑质量上,城郊村庄样本的建筑质量远高于近郊和远郊村庄样本;2010 年以来,由于城镇建设的扩张与蔓延,城郊村庄样本的建房活跃度同样远高于近郊与远郊村庄样本;在市政设施方面,城郊村庄样本的市政设施普及率高于近郊、远郊村庄样本;3 米以上道路面积比例,城郊村庄样本略高于近郊、远郊村庄样本,后两者相差不大。

9.3.2　经济发展

1. 经济发展

　　从农民收入来看,33 个样本村庄中高于当地平均水平的村庄(7 个,以下简称高收入村庄样本)生态环境和社会环境客观评价较高,略低于当地平均水平的村庄(11 个,以下简称略低收入村庄样本)空间环境客观评价较高(图 9-15)。

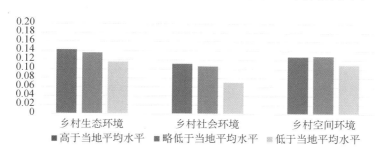

图 9-15　分经济发展因素的乡村宜居度客观供给评价结果

　　生态环境建设上,由于高收入村庄样本拥有建设基础设施的资金基础与相当的经济发展水平,此类村庄样本中 85.7％都建有污水处理设施,而略低收入村庄样本建有污水处理设施的比例为 63.64％,低于当地平均水平的村庄(以下简称低收入村庄样本)建有污水处理设施的比例为 13.3％。高收入村庄样本其产业结构也倾向于休闲农业或者以旅游开发为主导的第三产业,同时污染型企业选址往往会考虑土地开发成本的影响,因此仅有 57.1％的高收入村庄样本在 5千米范围内有污染型企业,而低收入村庄样本则达到 66.7％。综合来看高收入村庄样本生态环境客观评价较高,略低收入村庄样本次之,低收入村庄样本最低。

　　社会环境建设上,高收入村庄样本自身经济基础较为发达,因此有 71.43%
的村庄样本通了公交,而略低收入村庄样本为 63.6%,低收入村庄样本仅为
33.3%。在小学就学距离上,高收入村庄样本距离最近,而略低收入与低收入村
庄样本稍远一些;在服务设施建设水平上,高收入村庄样本远高于其他两类村庄
(图 9-16、图 9-17);而在社会氛围上,高收入村庄样本内村民与亲友邻里来往较
为亲密,村内有能人带动发展的比例也较其他两类村庄高。综合来看,收入水平
越高的村庄样本其社会环境客观评价越高。

图 9-16　荣成烟墩角(发达)　　　　　图 9-17　郓城陈楼村(落后)

　　空间环境建设上,略低收入村庄样本户均住房面积高于其他两类村庄样
本;而在建筑质量上,高收入村庄样本的建筑质量远高于其他两类村庄样
本。在建房活跃度上,略高收入村庄样本高于其他两类村庄样本;在市政设
施方面,高收入村庄样本的市政设施普及率高于其他两类村庄样本。综合来
看,收入水平持平或高于当地平均水平的村庄样本,其空间环境建设质量
更高。

2. 特色产业

　　从特色产业看,如图 9-18 所示,33 个样本村庄中有特色产业的村庄(15 个)
生态环境、社会环境及空间环境客观评价均高于没有特色产业的村庄(18 个)。

　　生态环境建设上,拥有特色产业的村庄样本会更加重视村内的基础设施建
设,保证特色产业的优良发展,因此有特色产业的村庄样本中,66.7%都建有污
水处理设施,而没有特色产业的村庄样本比例为 27.8%;同时有特色产业的村庄

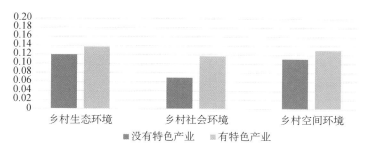

图 9-18　分特色产业因素的乡村宜居度客观供给评价结果

会尽量避免污染型企业带来的负面影响,5 千米范围内有污染型企业的村庄样本比例低于没有特色产业的村庄。综合来看有特色产业的村庄样本生态环境客观评价较高(图 9-19、图 9-20)。

图 9-19　荣成嘉鱼汪村(渔业养殖业)　　图 9-20　东营曹店村(种植业林业)

　　社会环境建设上,由于有特色产业的村庄样本需要的交通需求更大,同时伴有定制公交的需求,因此有特色产业的村庄样 60.0% 通了公交,而没有特色产业的村庄样本只有 44.4% 通了公交;在小学就学距离上,有特色产业的村庄样本学生上学距离更近;在服务设施建设水平上,有特色产业的村庄样本相对较高;在社会氛围上,有特色产业的村庄样本存在血缘与业缘的双重关系网络,村民与亲友邻里来往都较为亲密。

　　空间环境建设上,在住房方面,两类村庄样本户均住房面积相差无几,在建筑质量上,有特色产业的村庄样本建筑质量远高于没有特色产业的村庄样本。2010 年以来特色产业的蓬勃发展带领所属村庄的住房建设高潮,有特色产业的村庄样本建房活跃度远高于没有特色产业的村庄样本;在市政设施方面,两类村庄样本相差不大；在 3 米以上道路面积比例上，有特色产业的村庄样本略高于没有特色产业的村庄样本。

9.3.3 社会环境

1. 村庄规模

从村庄规模看，如图 9-21 所示，33 个样本村庄中大村（7 个）、较大村（11 个）、中等村（12 个）和小村（3 个）分别在生态环境、社会环境、空间环境获得最高的客观评价。

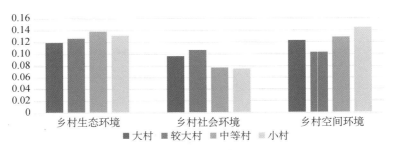

图 9-21   分村庄规模因素的乡村宜居度客观供给评价结果

生态环境建设上，中等村样本有 58.3％建设了污水处理设施，依次高于大村、较大村和小村样本；中等村样本中 66.6％在 5 千米范围内有污染型企业，略高于大村和中等村样本的比例，远远低于小村样本的比例。综合来看中等村样本的生态环境质量最高。

社会环境建设上，村庄规模越大，公共服务设施水平、普及率，村镇公交普及率越高；在社会氛围上，较大规模的村庄样本村内有能人的比例更高，村庄内部亲友邻里关系更为和睦。因此较大村社会环境客观评价最高，其次是大村，二者远高于其他两类村庄样本。

空间环境建设上，在住房方面，小村样本的户均住房面积高于其他规模的村庄，且 2010 年以来小村样本的建房活跃程度相对较高，但其建筑质量远远不及其他三类规模的村庄样本；在市政设施方面，小村市政设施的普及率较高，达到 91.7％，仅次于中等村的比例；此外，小村 3 米以上道路面积的比例更是达到了

50.44％,依次高于大村、中等村和较大村。综合来看小村的空间环境质量较好,其次是中等村、大村和较大村。

2. 人口流动

从人口流动看,如图 9-22 所示,33 个村庄样本中,人口基本平衡的村庄样本(22 个)在生态环境和空间环境的客观评价均较高,其次为人口外流的村庄样本(8 个),人口流入为主的村庄样本在社会环境上评分较高。

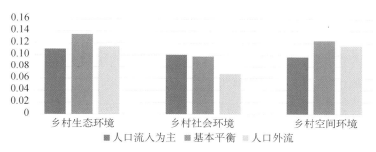

图 9-22　分人口流动因素的乡村宜居度客观供给评价结果

生态环境建设上,有 72.7％的人口基本平衡的村庄样本 5 千米内建有污染型企业,高于人口外流为主和人口流入为主的村庄样本;在污水处理设施建有的比例上,人口基本平衡的村庄样本远高于人口外流为主和人口流入为主的村庄样本。

社会环境建设上,人口流入为主的村庄样本村镇公交普及率均达到 66.7％,交通便利,小学就学的单程距离小于其他两类村庄样本;服务设施普及率上,人口基本平衡的村庄样本比例达 83.6％,高于人口流入为主和人口外流为主的村庄小;社会氛围上,人口流入地区亲友邻里关系相对较差,说明外来人口的进入对于村庄内部社会组织可能会造成一定的冲击;相比于人口流入为主的村庄,人口基本平衡的村庄由于外来人口较少,与亲友邻里的来往更为密切。

空间环境建设上,人口处于流入和平衡状态的村庄样本,经济发展状况相对较好,村民对于村庄的发展前景较有信心,改善住房条件的意愿也相对较高,因此村庄住房条件较好、户均住房面积较高。2010 年以来人口基本平衡为主的村庄在建房控制上较为宽松,活跃程度最高;在市政设施普及率、使用卫生厕所比率上,人口基本平衡的村庄样本处于较高水平。综合来看,人口基本平衡的乡村空间环境质量相对较高。

9.3.4　外部投入

1. 规划指引

　　村庄规划是指导村庄建设的科学手段。搞好村庄规划,对于推进全面建设小康社会具有重要意义,也是解决三农问题的重要手段。并带动乡村产业结构调整和社会关系变化,转变落后的思想观念,树立现代化意识,通过乡村的繁荣,进一步促进城市的发展,最终实现城乡协调发展。

　　通过统计这 33 个村庄的规划编制情况发现,有 64% 的村庄进行了规划编制,下一步应针对未编制规划的村庄开展规划编制工作,以更好地保障村民的公共利益、节约土地保护耕地,满足村庄居民生产、生活的各项需求,创造与当地社会经济发展水平相适宜的人居环境。由于村庄规划的实施时间较短,因此是否编制村庄规划与村庄自身的建设水平关联性较小。

2. 资金投入

　　从资金投入看,外部资金投入水平对样本村庄的生态环境、社会环境和空间环境均具有较为明显的正向影响。这说明目前多数村庄自身经济实力有限,其人居环境的改善仍依赖于以政府为主的外部力量干预(图 9-23)。

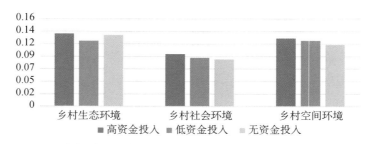

图 9-23　分资金投入因素的乡村宜居度客观供给评价结果

生态环境建设上,有 55.6% 的高资金投入村庄样本建有污水处理设施,高于低资金投入村庄的 38.5% 和无资金投入村庄的 45.5%;同时,资金投入有助于产业转型升级,减少工业企业对生态环境的污染,因此高资金投入村庄样本中 5 千米内建有污染企业的比例最低,为 55.6%,而低资金投入村庄有 61.5% 的样本在 5 千米内建有污染企业,无投入村庄比例更高,为 72.7%。可以看出,高水平的资金投入有助于乡村生态环境质量的提升。

社会环境建设上,高资金投入的村庄对外联系程度普遍较高,村镇公交普及率达到 74.6%;公共服务设施普及率普遍较高,达到 72.7%。而资金投入对村庄社会氛围的影响较小,不同投入水平村庄的社会氛围评价结果较为接近。

空间环境建设上,高资金投入村庄样本户均住房面积高于其他两类村庄样本,且建筑质量也更为良好;另外,2010 年以来有资金投入的村庄样本建房活跃程度明显高于无资金投入的村庄样本;在使用卫生厕所比例上,资金投入越高,村庄内使用卫生厕所的比例越高;高资金投入的村庄样本市政设施普及率优于其他两类村庄样本,但 3 米以上道路面积比例要低于后两者。综合来看,资金投入对于提升乡村空间环境质量具有积极的促进作用。

9.4　主观感受评价的影响因素解析

9.4.1　生活状态满意度影响因素

通过对村民目前生活状态满意度与其他分项主观评价指标进行相关性分析,解析哪些分项对村民生活状态满意度影响较大。从分析结果来看,生活满意度与村民对经济条件的满意度相关性最高,达到 0.828;其次是对近年来乡村建设的满意度,相关值为 0.701;对个人住宅和村庄居住条件是否满意也影响到村民对目前生活状态的满意度,相关值分别为 0.677 和 0.676;最次是对文体活动设施的满意度,相关值为 0.475。

从以上分析来看,村民对自身生活状态的满意度与其对经济条件、居住条件是否满意关联度最高,显示出村民对生计和个人生活的关注度仍然高于其他乡村建设活动。而生活状态满意度与近年来乡村建设的满意度的高关联度,不仅体现出乡村建设的成效,也从侧面反映出政府对乡村建设的投入会使得村民对村庄发展更有信心,提高其对自身生活状态的自我评价。在公共服务设施建设中,由于乡村老龄化的影响,村民生活状态的满意度与教育方面的公共服务提升关联不显著;随着交通条件的改善,公共交通设施和乡村医疗设施对于村民生活状态满意度的提升作用也逐渐减弱,而文体活动设施日常使用频率较高,与村民生活息息相关,其改善对于提高村民生活状态满意度作用更为明显。环境质量和环境卫生状态评价与村民自身生活状态满意度的关联度均不显著,显示出村民对于生态环境的关注要弱于经济、社会方面(表 9-10)。

表 9-10　生活状态满意度与其他主观评价指标的相关性分析

		个人住宅满意度	村庄居住条件满意度	公共交通设施满意度	村卫生室满意度	子女就学满意度	文体活动设施满意度
目前生活状态满意度	相关性	0.677**	0.676**	0.081	0.233	0.295	0.475**
	Sig.	0.000	0.000	0.655	0.193	0.096	0.005
		对近年乡村建设是否满意	对生活在村内的经济条件是否满意	村民对政府实施政策项目的评价	空气质量、水质量评价	环境卫生状态评价	
目前生活状态满意度	相关性	0.701**	0.828**	0.086	0.283	0.254	
	Sig.	0.000	0.000	0.633	0.110	0.154	

注:** 在 0.01 级别(双尾),相关性显著。
　　* 在 0.05 级别(双尾),相关性显著。

9.4.2　生态环境感知影响因素

对比周边 5 千米内没有污染型企业的村庄,有污染型企业的村庄村民对村庄的空气质量、水质量和环境卫生状态评价都略低;对比没有污水处理设施的村庄,有污水处理设施的村庄村民对村庄的空气质量、水质量和环境卫生状态的要求更高。这说明村民对乡村生态环境的主观评价会在一定程度上受到周边企业和市政设施建设的影响。

表 9-11　污染型企业、污水处理设施对生态环境感知的影响

类型		空气质量、水质量评价平均值	环境卫生状态评价平均值
污染型企业	有	0.867	0.935
	无	0.919	0.933
污水处理设施	无	0.927	0.960
	有	0.878	0.906

9.4.3　经济环境感知影响因素

通过对乡村经济环境主观评价以及经济环境客观供给要素进行相关性分析发现,村民对乡村经济环境是否满意与区域经济环境强弱、村集体收入多少关联度较弱,与村庄农民人均纯收入有一定的相关性,与村中休闲农业和服务业的开发进展相关性较为显著,相关性达到 0.377(表 9-12)。综合来看,村民对乡村经济环境的主观评价更多受到在村庄生活是否有发展前景影响,即村庄中如果有发展休闲农业、服务业的可能性或已经发展这类产业,村民对村庄的经济环境会更加满意。

表 9-12　乡村经济环境宜居度主观评价与客观供给各要素的相关性分析

		所处地级市发达程度	所属地级市农民收入水平	农民人均纯收入	农民收入水平	村集体收入	村中休闲农业和服务业开发进展
对生活在村内的经济条件是否满意	相关性	− 0.152	0.006	0.315	0.266	0.287	0.377 *
	Sig.	0.398	0.974	0.074	0.135	0.105	0.031

注:* 在 0.05 级别(双尾),相关性显著。

9.4.4　社会环境感知影响因素

通过对乡村社会环境的主观评价以及社会环境客观供给要素进行相关性分析发现,村民对乡村社会环境的主观评价主要受到服务设施普及率的影响,相关性为 0.592,即各项服务设施的普及率越高,村民对乡村社会环境的评价越高。

除服务设施普及率外,其他客观供给要素,如公交普及率、子女就学距离、村庄社会交往、政府人均拨款等对村民乡村社会环境主观评价的影响均不显著(表9-13)。

表9-13 乡村社会环境宜居度主观评价与客观供给各要素的相关性分析

		村镇公交普及率	服务设施普及率	子女小学就学单程距离	与村里亲友邻里来往关系	2015年人均政府拨款
乡村社会环境主观评价	相关性	0.082	0.592**	-0.279	0.176	0.227
	Sig.	0.650	0.000	0.116	0.326	0.204

注:** 在0.01级别(双尾),相关性显著。

分指标对应来看,村民对村庄公共交通设施的满意度与村镇公交的普及率相关性不显著,可见村民对其敏感度不高;班次、车辆环境等其他要素更可能影响村民对公共交通设施的主观评价结果。文体设施满意度与服务设施普及率、人均政府拨款呈正相关,相关系数分别为0.360和0.315,即村民对文体设施使用的便利程度更为敏感,服务设施普及率越高,村民对文体设施的满意度越高;而文体设施的配置更多依赖政府拨款,因此人均政府拨款越多的村庄,村民对文体设施的满意度越高。卫生设施满意度与服务设施普及率呈正相关,相关系数为0.380,即村民对基层卫生设施的满意度主要受到使用是否便利影响。政府实施政策项目满意度同样与服务设施普及率呈正相关,相关系数为0.378,村庄内服务设施与村民生活息息相关,因此村民对政府实施政策项目的感知更容易受到村庄内服务设施配置是否齐全影响。

9.4.5 空间环境感知影响因素

通过对乡村空间环境的主观评价以及空间环境客观供给要素进行相关性分析发现,村民对乡村空间环境的主观评价与村庄的建筑质量、建房活跃度呈正相关,相关系数分别为0.403和0.359,即村庄的建筑质量越高、建房活跃度越高,村民对乡村空间环境建设的主观评价越高(表9-14)。

表 9-14　乡村空间环境主观评价表

		户均住房面积	建筑质量	使用卫生厕所的户数/户籍总户数	3 米以上道路面积比例	市政设施普及率	2010 年以来建房活跃程度
乡村空间环境主观评价	相关性	0.037	0.403*	0.205	0.117	0.040	0.359*
	Sig.	0.839	0.020	0.251	0.516	0.824	0.040

注：* 在 0.05 级别(双尾)，相关性显著。

　　分指标来看，村民对个人住宅的满意度、对村庄居住条件的满意度都与建筑质量和建房活跃度呈正相关，与其他其他客观供给要素相关性较弱；而对村庄建设的满意度则与各项客观供给要素相关性都较弱。可见，村民对乡村空间环境的主观评价更多集中于对自身住宅和建筑质量的感知，提升乡村住宅建筑的质量和居住条件，可显著提高村民对乡村空间环境的满意程度。

9.5　乡村人口流动状况及其影响因素解析

　　对村庄的人口流动进行了调查与分析，将村庄目前的人口流动趋势作为衡量值，表征村民在现有人居环境下的真实居住意愿选择。这样不仅避免了对基础设施等物质性要素的过分关注，也反映了指标体系的现实性与价值性。

　　区分村庄属性对村庄的人口流动系数进行统计，考察村庄在不同社会经济发展现状和外部环境影响下人口流动趋势的差异(图 9-24)。总体上看，人口流动情况与村庄的地形、区位、产业和规模等因素紧密相关。

　　从地形上看，平原村庄样本人口外流的趋势远大于山区，最低的是丘陵地区。从区位看，远郊村样本人口流失情况最为严重，其次是城郊村，近郊村人口流失情况较少。从调查中得知，城郊村村民多在城区务工，近郊村则多在镇区务工，早出晚归的情况相对较多，而远郊村村民则更多的选择离开村庄长期外出务工，因此人口外流比例较高。而相比城郊村，近郊村样本由于能够享受城镇和乡村的双重优势，村民更倾向于留在乡村生活。

　　从区域经济环境来看，发达地区的村庄人口外流趋势大于欠发达地区和落后地区，由于发达地区城镇二、三产业较为发达，能够容纳更多的就业人员，因此

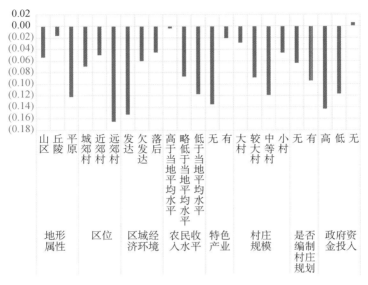

图 9-24　不同属性村庄的人口流动系数

迁居到城镇的收益更高而成本更低,其人口外流趋势更大。从农民收入水平来看,收入低于当地平均水平的村庄人口外流趋势更大,而高于当地平均水平的村庄人口基本平衡或处于流入状态。从特色产业上看,发展特色产业的村庄,人口外流趋势远小于没有特色产业的村庄。因此,村庄的产业发展能够有效抑制乡村人口的外流。

从村庄规模看,大村和小村的人口都相对稳定,较大村和中等村的人口外流趋势较强。村庄规模较小时,其生活环境相对简单,生活更为舒适,村民并不愿意离开乡村;而随着村庄规模的增大,村庄发展的潜力逐渐增大,村民对于村庄的发展前景更加看好,更愿意留在乡村居住。

9.6　结论

本章以山东省 33 个样本村庄的调研数据为基础,从客观供给和主观感受两个视角构建乡村宜居度评价指标体系,评价体系包括乡村生态环境、经济环境、社会环境和空间环境四个维度。从结果来看,乡村宜居度的客观供给评价更为分散,而主观感受评价则相对集中。

（1）从村庄所处的外部环境和自身属性中提取对乡村宜居度客观供给影响较大的因素。从结果来看，地形因素对村庄的住房条件、服务设施配置、基础设施配置影响较大。区位因素对乡村宜居度客观供给的各个维度影响都较大，城郊村毗邻城区，其所受到的城市辐射、资源倾斜都大于近郊村和远郊村，因此在生态环境、经济环境、社会环境、空间环境上都评价较高。经济方面，农民收入水平和特色产业因素对于乡村宜居度客观供给的影响也较大，高收入水平村庄在乡村住房建设、服务设施配置、市政设施建设等各个方面都较为突出；而特色产业较为发达的村庄，其乡村宜居度远高于没有特色产业的村庄。村庄规模因素对乡村宜居度的影响更为复杂，从经济环境和社会环境看，村庄规模越大，其经济发展、社会氛围、设施配置情况越好，而生态环境则是随着村庄规模扩大而变差。从政府资金投入角度看，投入资金越高的村庄，其宜居度越高。

（2）从乡村宜居度的主观感受角度提取对主观感受影响较大的客观供给要素。结果表明，村民对乡村生态环境敏感度较低，对经济条件（尤其是特色产业发展）、居住条件、文体设施配置等敏感度较高。从这三方面入手提升乡村人居环境，对改善村民宜居度主观感受的效率最高。

另外，本章还从人口流动视角分析了现有人居环境条件下村庄的人口外流情况。结果表明，乡村经济环境对于人口流动影响较大，所处区域经济越发达、村庄经济发展水平越低、特色产业发展越少的村庄人口外流比例越高。从村庄规模看，大村、小村人口更为稳定，中等规模村庄人口外流比例较高，因此适当的人口集聚和集约发展对于乡村人口稳定更为重要。

第 10 章　黄河下游乡村人居环境建设的思考

乡村人居环境建设是一项复杂而长期的系统工程。黄河下游地区的山东、河南两省作为我国传统粮油主产区和乡村人口集聚区,其乡村人居环境建设应在乡村振兴、黄河流域生态保护和高质量发展战略指导下,坚持生态优先、因地制宜、统筹推进、村民主体的工作原则,将新时期的乡村人居环境整治提升行动与乡村建设行动充分结合,实现生态、经济、社会和空间四个维度的全面提升。

10.1　乡村生态环境

10.1.1　资源利用高效化

水资源短缺已成为长期影响黄河流域高质量发展的关键制约因素。通过多元方式积累水量的同时,有效提升水资源利用效率是化解黄河下游地区天然径流量衰减和用水需求增长之间矛盾、促进生态环境保护的根本途径。黄河流域应以上下游统筹协调为原则,加强全河水量调度,通过进一步拓展引黄渠道、借助南水北调工程来进一步补充水量。沿黄地区加强修建水库等水利工程建设,及时储存黄河汛期水源。鼓励村民在汛期通过收集雨水来增加水资源储备,以保证旱期的生产、生活用水需求。适当开采引黄灌区的地下水作为黄河水资源的补充,以减少对黄河水资源的依赖。通过推广和应用节水型农业种植技术、建设节水灌溉型农业水利设施、科学调整黄河下游农区的种植结构,有效提高农业灌溉的水资源利用率。此外,应通过加大对黄河下游乡村地区污水处理设施的建设投入,实现最大限度的污水回用。

黄河因上游流经黄土高原导致下游河段水沙关系不协调。黄河下游地区在持续重视泥沙灾害风险、降低灾害损失的同时,还应充分认识泥沙作为资源的利用价值,逐步完成对泥沙从“治理”到“利用”的观念转变,实现泥沙利用的经济效益、社会效益和生态效益最大化。建立黄河下游河段的泥沙资源利用统筹规划管理框架,健全相关泥沙利用的法律法规和政策体系,建立明确的奖罚标准和监督机制。在泥沙经营性利用的过程中,严格控制危害防洪安全、航运畅通和生态环境的非法无度采砂和违规建窑行为;在泥沙公益性利用过程中,落实入海口生态水量保障目标,强化填海造陆和湿地保育所需的泥沙输运。

10.1.2　生态治理综合化

牢固树立绿水青山就是金山银山的理念,顺应自然、尊重规律,从过度干预、过度利用向自然修复、休养生息转变。统筹推进山水林田湖草综合治理,重点推进黄河滩区生态综合治理,加快实施黄河三角洲湿地保护与恢复工程,完善河道两岸湿地生态系统,建设黄河下游绿色生态走廊,恢复下游流域生物种群的多样性[①]。通过土地综合整治实现乡村生产、生活和生态空间的科学优化,全面改善黄河下游流域生态环境,充分发挥乡村生态价值。大力推广生态修复技术在采空区、塌陷区、尾矿厂、排土场以及农业面源污染造成的湿地、水体污染区域的普及应用,着力开展乡村饮用水源地和沿黄地区的土地盐碱化治理,恢复黄河下游乡村地区的水土质量。

积极引入农业生产、畜禽养殖绿色技术和清洁模式,阻控污染过程、循环利用废弃物,有效削减农业生产过程中的污染排放[②]。依托生物技术和信息技术,最大程度地降低农业生产对水体和土壤的污染,实现农产品生产和生态环境质量的有机平衡。建立乡村地区产业发展负面清单,并通过科学规划乡村工业用地布局,使污染源相对集中,以利于提升污染处理设施的使用效率。通过城乡一体化处理、就地集中处理和分散式家庭处理相结合的三元模式治理乡村生活污水和垃圾污染生态环境问题,以人居环境综合整治为契机,完成厕所改造和乡村生活污水处理工程。在有条件的乡村地区大力开展气代煤、电代煤等采暖工程,改善黄河下游地区空气质量。

---

① 中共中央 国务院印发《黄河流域生态保护和高质量发展规划纲要》[J].中华人民共和国国务院公报,2021(30).

② 宁志中.中国乡村地理[M].北京:中国建筑工业出版社,2019.

10.1.3　生活方式绿色化

黄河下游地区乡村地区受传统农耕文明中的部分习俗和观念影响,仍存续着一些落后的、对环境不友好的生活方式。从根本上实现乡村地区生态环境质量的改善和保持,必须切实发挥广大村民的主体作用,引导广大村民树立起主人翁意识,把热爱家乡生态环境的深厚感情,真正转化为改善人居环境的实际行动。

在广大乡村地区大力推广绿色生活方式,必须积极培养村民生态伦理观和环保意识。黄河下游地区传统文化中蕴含着"天人合一""取之有时、用之有度"等丰富的生态智慧和观念,应深入挖掘和弘扬这些优秀的生态传统文化并赋予全新的时代内涵,并充分体现在广大乡村地区的村规民约中,从思想层面引领村民树立正确的生态观。现阶段乡村地区的常住人口文化素质普遍不高,接受知识能力有限,对国家政策方针缺乏足够的关注和了解。因此,应加大对污染危害、环境健康、生态保护、环境治理、绿色生活等方面的国家政策和科学知识的宣讲,以村民喜闻乐见的形式,利用电视、广播、网络、标语等多种载体进行多层面、全方位的宣传和教育。要通过美丽庭院创建、乡村卫生监督责任化等多种方式,引导和鼓励村民养成杜绝浪费、节约资源、垃圾分类等良好的生活习惯,切实把绿色行动落实到日常生活的细节当中,使其成为每一位村民的自觉行动。

10.2　乡村经济环境

10.2.1　三产发展融合化

产业振兴是乡村振兴战略的核心和重点,应紧密结合乡村自然禀赋和产业基础。在夯实一产发展基础的前提下,提高乡村第二、三产业比例、培育多元经营主体、创新新兴产业业态,走三产融合发展之路是乡村产业发展的必然趋势。通过乡村产业范围拓展、产业链条延伸、产业整合重组、产业互渗交融,实现整体产业水平的提升和发展路径的创新,并衍生出多产业门类交叉融合的现代乡村产业体系。借鉴"潍坊模式"等乡村产业结构改革探索成果,提升黄河下游地区乡村三产融合发展的总体水平。

　　山东、河南两省作为我国粮食主产区之一,应以稳定粮食产能为前提,逐步建立合理的粮食作物、经济作物和饲草作物三元种植业结构。利用传统食品工业化生产技术,同时凭借黄河下游乡村地区的粮食种植面积优势,积极发展冷冻面主食、速食面制品、特色农产品等农产品深加工产品以有效延展农业产业链。加快农产品冷链物流工程建设,充分发挥农产品加工流通业"向前拉动种植生产、向后推动营销物流"的产业层级联结作用。总结推广菏泽市等地"现代农业体系完善—农产品加工业升级—乡村电商有效经营"的乡村产业发展经验,积极建设乡村电商服务平台,促进"互联网 +"与乡村产业链条的深度融合。此外,应立足山东和河南乡村农业优势、自然景观和人文历史,依托集体经营性建设用地入市等政策红利,差异化地定位和发展休闲农业和乡村旅游业,促进黄河下游乡村产业"接二连三""隔二连三",推动乡村产业结构优化和经济可持续发展。

10.2.2　农业产品品牌化

　　农业产品品牌可赋予农产品特殊的属性和标识。品牌可使农产品除自身使用价值外产生附加的"品牌效应",从而提升农产品知名度和销售价值。通过不断提升产品安全和质量而形成的优质品牌可以保障消费者对农产品质量的信心。此外,品牌化的农产品也有利于产业效益链条的有效延伸,带动相关产业联动发展。近年来,黄河下游地区广泛推进"一村一品"的产业发展策略,培育出一批具有全国甚至全球知名度的特色农业品牌。例如山东省的"烟台苹果""莱阳梨""章丘大葱""潍坊萝卜",河南省的"信阳毛尖""新乡小麦""兰考蜜瓜"等。但受制于特色农产品的生产规模和加工营销体系,两省仍处于高产值、低价值的初级发展阶段,农业市场价值仍有较大的提升空间。今后应积极实施"一村一品"工程,大力建设产业体系完整的特色农业产业基地,这将成为黄河下游地区农业产品品牌化的有效路径。

　　黄河下游乡村应继续发挥本地农产品特色优势,及时响应市场动态需求,强化质量标准体系建设,提供具有本地特色化、附加值较高的主导产品或者产业。

农业产品品牌化应建立品牌识别、强化品牌认知,充分融入黄河下游的历史文化典故来讲好品牌故事,充分利用淘宝等互联网电商平台拓展特色农产品营销渠道。此外,应大力建设不同发展特色的农业产品生产基地,逐步实现基地带动型的"一村一品"发展。如济南市商河县着力打造黑皮冬瓜生产基地,形成济南商河黑皮冬瓜的特色农产品品牌,获得了农业部农产品地理标志认证,同时多个村庄的联合基地培育,形成了种植面积高达18 000亩的山东省无公害农产品基地,创出了一条"基地+农户"的"一村一品"新模式①。此外,积极培育优势特色产业集群,推广烟台苹果、寿光蔬菜、伏牛山香菇、豫西南肉牛等产业集群的发展经验,以集群促品牌,用品牌带理念,提升农业产品的品牌效益。

10.2.3　经济发展集群化

乡村地区经济具有小型化与分散化的传统特征,经营主体往往都是个体家庭的小单位②。随着经济的飞速发展,乡村地区逐渐开始步入产业多元化的发展阶段。根据发达国家与地区的乡村地区产业发展规律来看,大多经历了从人工为主的较为原始的低级产业阶段逐步向依赖更先进科技投入的高级产业阶段转变,其经营主体也开始向规模化的方向发展。由经济发展集群化带来乡村经济建设中不同产业的规模化发展,实现了自下而上的孤岛式村庄串联发展。这种多个乡村"抱团取暖促经济"的发展策略,将成为今后乡村振兴的重要实现模式。

经济集群化发展能够降低发展成本,还可以实现农业生产的专业化和协同化,最终达到提高产业增加值的目的。在农业经济方面,可建设产业集群形成特色品牌,增加农产品附加值、扩大农业品牌影响力。在乡村旅游方面,借助党建联合体建设和经营性集体建设用地入市制度,依附于旅游环线上的多个村庄将有机会成立乡村发展共同体,通过产业协同分工、建设用地统筹谋划,联合提供多元的旅游产品和服务项目。村民既可以获得股份分红,又可以从事农业生产或旅游服务,从而从根本上激活了乡村地区发展的造血功能,实现乡村经济集群化、可持续发展。例如山东省61个中国乡村旅游模范村充分发挥乡村旅游的集群

①　霍秀娜. 济南市一村一品发展现状及对策[J]. 现代农业科技,2016(24):281-282.
②　李京生. 乡村规划原理[M]. 北京:中国建筑工业出版社,2018.

优势,集中打造乡村旅游的集群片区,同时推出了 10 条各具主题特色、贯穿全省重要乡村旅游景点的游线,包括乡村田园生态休闲之旅、民俗风情鉴赏探秘之旅、洞天水色黄河美食之旅等。这种抱团连线的集群化发展方式,有利于打造更具影响力的山东乡村旅游特色品牌,加速促进乡村振兴齐鲁样板的战略目标实现。

10.3　乡村社会环境

10.3.1　农民身份职业化

农民身份职业化是指留守农民或返乡农民从传统的"身份农民"到相对稳定、素质较高、有一定社会地位和较高收入的"职业农民"的过程。随着社会经济的发展和农业现代化的推进,以家庭为单位的农业生产由于有限的土地经营规模,其效益产出难以保证家庭的收入水平,从而降低了农民的种地积极性。于是,一部分农民弃农务工成为农民工;一部分农民流转土地,进行适度规模经营,成为职业农民。在黄河下游尤其是农业规模化经营的乡村地区,乡村青壮年劳动力大量外流和现代农业乡村发展对高素质农民的供需结构性矛盾长期存在[①],而农民身份职业化是解决"谁来种地""如何种地"等重大问题的有效途径[②]。因此,大力培育新型职业农民势在必行。

在农民身份职业化的过程中,农民的文化素质和能力得以提升,社会责任意识、规则意识和集体意识逐渐加强,小农意识逐渐淡化甚至消失,收入水平得以提高。例如黄河三角洲地区农民因地制宜发展农业,进行规模化和产业化的生产经营,提高了农产品的附加值,部分农民的逐步职业化使当地农民人均纯收入一直高于山东省平均水平。推进农民职业化进程,首先要提升农民职业素养,必须健全完善的教育培训体系,通过与各地涉农院校、农业科研院所和龙头企业合作,有重点地培养懂技术、有文化、善经营、会管理的职业农民。其次,建立健全土地经营权的合理流转机制,促进并无务农意愿的农民流出土地,解除土地对农

① 吕莉敏.农民职业化的内涵、特征与实现路径[J].职业技术教育,2020,41(10):55-61.
② 李晓光.大力培养新型职业农民促进现代农业发展[J].农家科技,2016(9):4-5.DOI:10.3969/j.issn.1003-6989.2016.09.002.

民的束缚,为实现职业农民的集约化规模化经营提供前提;同时,应在依法保护集体所有权和农户承包权的前提下,建立健全乡村产权交易平台,加强土地经营权流转和规模经营的管理服务①。此外,还要逐步理顺、打通城镇人力资源下乡通道,加大农业转移劳动力返乡创业就业政策支持力度,支持人才下乡、鼓励能人回乡、引导企业兴乡。

10.3.2　文化传承系统化

系统保护沿黄乡土文化遗产资源,延续历史文脉和民族根脉,深入挖掘黄河文化的时代价值。建立黄河下游乡村文化资源公共数据平台,建立儒家文化、泰山文化、海洋文化、运河文化、齐文化和红色文化名录。开展黄河流域和故道乡村地区文物资源普查、建档、入库工作,完善重要农业文化遗产保护措施。挖掘民间文学、传统工艺、地方戏曲、风土人情、餐饮文化、神话传说、名人轶事、民间故事等非物质文化遗产,打造多处"黄河记忆"活态展示基地。持续推进历史文化名镇名村、传统村落保护利用工程和沿黄乡村地区革命文物保护利用工程,优化文化旅游产品体系和格局。实施文化产业数字化战略,依托黄河下游流域乡村文化资源,发展特色文化创意产业②。

不断培育广大农民的文化自觉,开展乡村人口的培训和教育。将传统乡村道德规范、家风家训等教育资源和现代社会公德、个人品德、家庭品德等相结合,进行乡土文明教育,推进乡村人口的生活习惯、消费行为、文化价值和思想认识等走向现代化。同时,注重普法教育,将传统乡村的德治文化与现代社会的法治文化相结合,提高乡村人口的法治素养。应积极发挥村规民约的思想规范作用,提升乡村治理水平,一方面可以化解村民内部矛盾,另一方面也可以更好地节约管理成本、调节干群关系。在进行村规民约制定时,应当做到量化和细化,坚持一村一规约的制度,并通过多种宣广形式在村民中形成普遍共识;同时,加强对村规民约制定过程和落实工作的监督,切实确保村民主体地位。

---

① 李文双,李逸波,李洁,等. 农民职业化发展路径探究[J]. 现代农村科技,2020(3):12-14.
② 中共山东省委、山东省人民政府. 山东省黄河流域生态保护和高质量发展规划[EB/OL]. [2022-02-15]. http://www.shandong.gov.cn/art/2022/2/15/art_107851_117497.html.

10.3.3　基本服务均等化

　　黄河下游地区乡村公共服务水平参差不齐,部分落后地区乡村公共服务设施建设和管理水平仍存在较大的短板。面对该地区乡村数量众多、村民需求多元的现实情况,黄河下游地区各级政府应统筹安排乡村公共服务投入,优先保障乡村地区"幼有所育、学有所教、劳有所得、病有所医、老有所养、住有所居、弱有所扶、优军服务有保障、文体服务有保障"等民生目标的基本服务供给。

　　继续加大黄河下游地区乡村教育投入,加强乡村义务教育,因地制宜地采用分散式、集中式办学形式,保证教学质量和教学公平。在乡村小学、中学布局调整的过程中,被撤并学校遗留的教育设施要充分利用,通过整合利用资源,填补其他学校的不足。完善基本医疗卫生服务,合理布局乡村卫生机构,推动优质医疗资源下沉。村卫生室是乡村三级医疗卫生服务网的"网底",是医疗服务公平的基础。截至 2018 年,山东省设置卫生室的村庄覆盖率仅占 76.5%,尚低于全国 94.5% 的平均水平,其内部地区差异较大,应有重点地改善山区、贫困地区的医疗卫生条件。加强乡村基层文化设施建设,满足乡村居民娱乐文化需求。山东、河南两省地域文化深厚,民间文化活动丰富,但乡镇文化站的人均指标仅处于全国各省市发展的平均水平。基层政府应合理配置地方文化资源,增加对乡村文化设施的资金投入,通过政策制定鼓励企业参与到乡村文化设施的修建中,为文化传播和村民娱乐提供平台。为应对乡村地区人口老龄化的加剧趋势,应进一步强化多层级乡村养老服务机构建设,提高山东、河南两省的乡村养老服务机构的服务效率,加大对鲁中南山地丘陵等地区的政策倾斜与财政投入,以需求为导向灵活配置和建设养老服务设施。

10.4　乡村空间环境

10.4.1　空间发展集约化

　　乡村空间的集约化发展有利于节约土地资源,形成产业发展和设施配套的规模化效应。黄河下游山东、河南两省的乡村数量巨大,村庄密度(村庄数量与各省行政区划面积的比值)居于全国前两位。随着城镇化进程的推进,两省乡村人口外流现象突出,"人走屋空"的村庄空间空心化现象较为普遍。如何系统提升乡村空间集约化利用程度已成为黄河下游地区实现乡村振兴和可持续发展面临的重大问题。

黄河下游地区应在充分尊重村民意愿的前提下,适应乡村生产关系、生产经营方式的变化趋势,遵循乡村发展规律要求,对一部分人口流失严重、村庄规模小、公共基础设施差、产业发展潜力弱,以及生态保护、扶贫和黄河防洪安全等确需搬迁的乡村居民点进行审慎的甄别和论证,以县(市)为单元稳妥、有序地推进村庄布局优化工作。严控新建民宅和农村社区的建设标准,杜绝侵占耕地等违规建设行为,建立健全违法用地和违法建设查处机制。结合城乡融合发展试验区创建工作,稳步探索进城落户农民有偿自愿退出农村权益的制度设计,并结合乡村产业发展定位,探索空闲置宅基地利用的多元化模式。充分发挥乡村空闲废置的工业、商业等集体经营性建设用地的土地价值,通过土地入市为乡村产业发展提供发展空间和资金支持,使得乡村居民点从单一的生活功能向兼具生活、生产、生态的多功能空间转变,在提升乡村空间集约化程度的同时真正实现村民安居、乐业。

10.4.2　地域风貌特色化

乡村风貌特色的塑造对传承地域传统文化、激发乡村产业发展、提升村民生活幸福感等具有重要的推动作用,是乡村人居环境提升的重点工作之一。黄河下游乡村依托气候条件、地形地貌和乡土民俗,形成了多样化的乡村风貌特色。随着近几十年来城镇化和工业化进程的快速推进,两省乡村地区均出现了不同程度的乡村风貌趋同化问题,特色乡村空间格局和风貌未能得到有效保护和传承,乡村空间的识别性和吸引力日益式微。

应尽快健全"乡村风貌规划—村庄规划—村居设计"三级乡村风貌控制体系,结合各地风貌特色制定针对性的农房设计/改造(整治)通用图集,并将乡村风貌控制要求纳入乡村建设规划许可内容,从而实现对乡村风貌的系统管控。

应统筹美丽宜居乡村、美丽村居、村庄景区化等源自不同部门的乡村试点工作，与历史文化名村和传统村落保护工作形成政策合力，快速、集中地形成特色突出的试点片区，带动其他地区乡村改善乡村风貌。通过开展"美丽庭院"创建等以家庭单位的活动，激发村民在乡村风貌塑造和维护中的主人翁意识。切实推进乡村规划师制度，广泛培育和吸纳精通传统建造工艺的民间工匠团体，确保乡村空间建设的品质和特色。

10.4.3 品质提升长效化

聚力攻坚短板、完成五年计划是黄河下游乡村人居环境整治工作的近期工作重心，而建设长效机制、助力乡村振兴战略的实现则是今后乡村人居环境工作的努力方向。黄河下游地区应逐步覆盖多规合一的村庄布局规划和实用性村庄规划，为后续乡村建设和产业发展提供切实有效的法定依据，避免方向性失误和重复性投入。结合黄河下游地区平原、山区、沿海等不同地域气候环境特点，在乡村生活垃圾、厕所粪污、生活污水治理、乡村道路和村容村貌提升等方面建立完善的标准体系，提升人居环境建设工程的科学性和规范性。试验推行环境治理依效付费制度，健全服务绩效评价考核机制，保障村庄各项公共服务和基础设施可持续运转和长效维护。

遵循"共同缔造"理念，充分发挥村民的主体作用，逐步培养村民自觉参与人居环境整治的意识并通过组织开展专业化技能培训，把当地村民培养成为人居环境设施运行维护的重要力量。支持村集体和民间工匠团体等充分发挥民间建造智慧，承接村内道路硬化、环境改造等小型工程项目。建立与完善"政府补助、社会支持、农民自筹"的多渠道筹资机制，鼓励采取市场化运作手段，支持环保设备企业、第三方环保公司等市场主体，通过"认养、托管、建养"一体化模式开展人居环境项目后期管护①。鼓励将村庄环境卫生等要求纳入村规民约，引导农民自我管理、自我教育、自我服务、自我监督，提高村民维护村庄人居环境的主人翁意识，从根本上增强乡村人居环境提升和维护的内生动力。

---

① 新华社.农村人居环境整治三年行动方案[EB/OL].[2018-02-05]. http://www.xinhuanet.com/politics/2018-02/05/c_1122372353.htm.

参 考 文 献

［1］Long H L，Tu S S，Ge D Z，et al. The allocation and management of critical resourcesin rural China under restructuring：Problems and prospects［J］. Journal of Rural Studies，2016(47).

［2］黄河水利委员会黄河志总编辑室.黄河志：卷十一　黄河人文志［M］.郑州：河南人民出版社，1994.

［3］吴良镛.人居环境科学导论［M］.北京：中国建筑工业出版社，2011.

［4］1982—2019年历年中央一号文件原文，中央人民政府门户网站.

［5］原正军，冯开文."中央一号文件"涉农政策的演变与创新［J］.西安交通大学学报(社会科学版)，2013,33(2)：58－62.

［6］孙竹雪.改革开放以来党的三农政策历史演变与新发展研究——以中共中央一号文件为中心研究对象［D］.南京：南京师范大学，2019.

［7］尹琼，韦向阳，周燕.中央一号文件"三农"政策的变迁——基于间断—均衡理论的解释［J］.阜阳师范学院学报(社会科学版)，2019(6)：130-136.

［8］周望.政策扩散理论与中国"政策试验"研究：启示与调试［J］.四川行政学院学报，2012(4)：43-46.

［9］韩博天.通过试验制定政策：中国独具特色的经验［J］.当代中国史研究，2010(3)：103-112.

［10］钱乐祥，王万同，李爽.黄河"地上悬河"问题研究回顾［J］.人民黄河，2005(5)：1-6.

［11］陈静生，何大伟，袁丽华.黄河"断流"对该河段河水中主要离子化学特征的影响［J］.环境化学，2001(3)：205-211.

［12］尚永立，尚华岚，任全文，等.论黄河断流的危害及对策［J］.城市建设理论研究(电子版)，2015(25)：1035-1036.

［13］李国刚.1950年以来黄河下游逐日水沙过程变化及其影响因素分析［D］.青岛：中国海洋大学，2008.

［14］肖秋英.大中型引黄干渠现状问题及治理建议［J］.中国高新技术企业,2010（13）:103-104.

［15］石建省,张发旺,秦毅苏,等.黄河流域地下水资源、主要环境地质问题及对策建议［J］.地球学报,2000,21(2):144-120.

［16］任美锷.中国自然地理纲要［M］.北京:商务印书馆,1985.

［17］孙录勤,张勇林,杨莹.新形势下如何发挥流域机构在构建和谐社会中的支撑和保障作用［J］.水利发展研究,2008(2):49-54.

［18］陈媛媛,王永生,易军,等.黄河下游灌区河南段农业非点源污染现状及原因分析［J］.中国农学通报,2011,27(17):265-272.

［19］禄德安.中原地区历史文化与政府职能定位［J］.学习论坛,2009,25(11):53-56.

［20］郑东军.中原文化与河南地域建筑研究［D］.天津:天津大学,2008.

［21］赵民,邵琳,黎威.我国农村基础教育设施配置模式比较及规划策略——基于中部和东部地区案例的研究［J］.城市规划,2014,38(12):28-33,42.

［22］陆元鼎.中国民居建筑［M］.广州:华南理工大学出版社,2004.

［23］董伟丽.山东山区传统古村落的保护与再利用设计——以青州市井塘村为例［D］.济南:山东建筑大学,2013.

［24］吴迪.外围护结构设计中生态原则与城市界面的整合［D］.南京:东南大学,2008.DOI:10.7666/d.y1386651.

［25］胡伟,冯长春,陈春.农村人居环境优化系统研究［J］.城市发展研究,2006(6):11-17.

［26］王友胜.淮河流域黄泛区风水侵蚀格局及其驱动因子研究［D］.泰安:山东农业大学,2012.

［27］牛润民,黄学礼,吴可,等.菏泽市沙化土地现状与防治对策［J］.山东林业科技,2005(3):86-87.

［28］王介勇,刘彦随,陈玉福.黄淮海平原农区典型村庄用地扩展及其动力机制［J］.地理研究,2010,29(10):1833-1840.

［29］毛雨薇,赵宁,王德信.菏泽市农产品深加工业发展现状及策略分析［J］.农村经济与科技,2019,30(7):185-187.

[30] 阿里研究院. 中国淘宝村研究报告(2009—2019)[EB/OL]. [2019-09-16].
     http://www. aliresearch. com/Blog/Article/detail/id/21853. html.

[31] 菏泽市委讲师团课题组. 山东菏泽农村电商发展正当时[J]. 山东干部函授
     大学学报(理论学习),2018(7):24-28.

[32] 罗震东,陈芳芳,单建树. 迈向淘宝村 3. 0:乡村振兴的一条可行道路[J]. 小
     城镇建设,2019,37(2):43-49.

[33] 王林申,运迎霞,倪剑波. 淘宝村的空间透视——一个基于流空间视角的理
     论框架[J]. 城市规划,2017,41(6):27-34.

[34] 周新辉,刘佳. 农村公共文化服务体系建设现状及多维思考——以山东省为
     例[J]. 安徽农业科学,2017,45(22):203-206,246.

[35] 李龙骁. 德州地区运河船号调查与研究[D]. 济南:山东大学,2017.

[36] 张中强. 最美湿地:神奇的"大地之肾"[J]. 资源导刊. 地质旅游版,2015
     (11):6-29.

[37] 宋静茹,杨江,王艳明,等. 黄河三角洲盐碱地形成的原因及改良措施探讨
     [J]. 安徽农业科学,2017,45(27):95-97,234.

[38] 许经伟,潘莹. 黄河三角洲地区新农村建设中的生态环境问题及对策研究
     [J]. 黑龙江农业科学,2014(3):123-126.

[39] 杨山清,丁丽莉. 黄河三角洲地区农村集体土地流转问题研究——以东营、
     滨州市为例[J]. 山西农经,2016(9):23-24.

[40] 郑军,史建民. 山东省区域生态农业发展模式探析[J]. 中国生态农业学报,
     2006(2):203-206.

[41] 杨丹. 黄河三角洲农业多功能性发展问题研究[D]. 淄博:山东理工大
     学,2014.

[42] 李靖莉. 黄河三角洲移民的特征[J]. 齐鲁学刊,2009(6):57-60.

[43] 张爱美."黄河口文化"内涵及发展刍议[J]. 中国石油大学胜利学院学报,
     2011,25(1):68-71.

[44] 朱翠兰. 浅析吕剧艺术的发展之路[J]. 文艺生活:中旬刊,2011(11):
     172-172,175.

[45] 蔡为民,唐华俊,陈佑启,等. 近 20 年黄河三角洲典型地区农村居民点景观

格局[J].资源科学,2004(5):89-97.

[46] 张建华,刘静如,张玺.鲁中山区泉水村落的形态类型及利用策略[J].山东建筑大学学报,2013,28(3):204-209,237.

[47] 梁田,韩芳,李传荣,等.泰山景区森林植被类型及其垂直分布特征分析[J].山东理工大学学报(自然科学版),2019,33(4):58-64,68.

[48] 宋磊.泰山森林生物多样性价值评估[D].泰安:山东农业大学,2004.

[49] 梁永平,王维泰.中国北方岩溶水系统划分与系统特征[J].地球学报,2010(06):860-868.

[50] 刘静如.鲁中山区泉水村落空间类型研究与保护利用[D].济南:山东建筑大学,2013.

[51] 张建华,刘静如,张玺.鲁中山区泉水村落的形态类型及利用策略[J].山东建筑大学学报,2013,28(3):204-209,237.

[52] 郑军,史建民.山东省区域生态农业发展模式探析[J].中国生态农业学报,2006(2):203-206.

[53] 沈香琴,马如武.山东省生态农业区域布局及发展模式选择[J].安徽农业科学,2008(1):384-385.

[54] 石运礼.临沂市红色旅游资源开发与利用研究[J].现代商贸工业,2011,23(5):124-125.

[55] 王永秀.沂蒙红色文化产业化发展对策探寻[D].济南:山东师范大学,2013.

[56] 红色旅游综合效益进一步凸显[Z].中国旅游年鉴,2009.

[57] 马德坤.泰山文化通俗读本[M].济南:山东人民出版社,2014.

[58] 王宏伟.夯实农村基层组织工作与筑牢事业发展根基[J].知与行,2018(6):8-12.

[59] 林峰海.点燃脱贫攻坚的"红色引擎"[N].中国组织人事报,2017-01-09(006).

[60] 赵斌.北方地区泉水聚落形态研究[D].天津:天津大学,2017.

[61] 逯海勇,胡海燕.鲁中山区传统民居形态及地域特征分析[J].华中建筑,2017(4):76-81.

[62] 杜康康,孔彦,李相然.胶东半岛的地质灾害及防治对策建议[J].地质灾害与环境保护,2010,21(3):12-17.

[63] 王龙.胶东地区传统村落空间形态研究[D].华南理工大学,2015.

[64] 李政,曾坚.胶东传统民居与海上丝绸之路——文化生态学视野下的沿海聚落文化生成机理研究[J].建筑师,2005(03):69-73.

[65] 王祝根.胶东传统民居环境保护性设计研究[D].武汉:华中科技大学,2007.

[66] 李旸.山东半岛沿海村落景观调查与保护研究[D].北京:北京林业大学,2013.

[67] 关丹丹.烟台牟平养马岛孙家疃村落与民居探究[D].昆明:昆明理工大学,2011.

[68] 褚兴彪,熊兴耀,杜鹏.海草房特色民居保护规划模式探讨——以山东威海楮岛村为例[J].建筑学报,2012(6):36-39.

[69] 郑鲁飞.胶东地区海防卫所型传统村落形态与保护研究[D].青岛:青岛理工大学,2020.

[70] 山东民居:生态型的海草房[J].中华民居,2011(1):94-95.

[71] 李政,李贺楠.胶东传统渔村民居的水文化特征[J].中国房地产,2003(8):77-78.

[72] 中共中央 国务院.黄河流域生态保护和高质量发展规划纲要[J].中华人民共和国国务院公报,2021(30).

[73] 宁志中.中国乡村地理[M].北京:中国建筑工业出版社,2019.

[74] 霍秀娜.济南市一村一品发展现状及对策[J].现代农业科技,2016(24):281-282.

[75] 李京生.乡村规划原理[M].北京:中国建筑工业出版社,2018.

[76] 吕莉敏.农民职业化的内涵、特征与实现路径[J].职业技术教育,2020,41(10):55-61.

[77] 李晓光.大力培养新型职业农民促进现代农业发展[J].农家科技,2016(9):4-5.DOI:10.3969/j.issn.1003-6989.2016.09.002.

[78] 李文双,李逸波,李洁,等.农民职业化发展路径探究[J].现代农村科技,

2020(3):12-14.

［79］中共山东省委、山东省人民政府.山东省黄河流域生态保护和高质量发展规划［EB/OL］.［2022-02-15］.http://www.shandong.gov.cn/art/2022/2/15/art_107851_117497.html.

［80］新华社.农村人居环境整治三年行动方案［EB/OL］.［2018-02-05］.http://www.xinhuanet.com/politics/2018-02/05/c_1122372353.htm.

后　　记

本书是依托 2015 年住房和城乡建设部课题"我国农村人口流动与安居性研究"的山东省县市和村庄调查,结合相关统计数据做出的针对黄河下游乡村人居环境的初步研究成果。

本书的前期调查组织由张军民教授负责,整体框架设计和内容组织由李鹏副教授和段文婷副教授负责完成。研究团队中的硕士研究生周琳、岳睿、周睿洋、菅月昕、李菁华、卢恩龙、马君彦、张靓、马璇、崔志昊、安堃、杨婉婷、吴桐、张天、郭恒、公俐等参与了前期调查、数据分析工作,贾艺豪、李玟希、朱韵涵、朱子谦、何同辉、贾儒轩、刘铭、张颖等参与了成果整理工作。

本书出版得到了住房和城乡建设部村镇建设司、山东省住房和城乡建设厅村镇建设处领导的大力支持;同济大学赵民教授、陶小马教授、彭震伟教授、张尚武教授就本书的撰写进行了多轮研讨并提供了宝贵的意见和建议;特别感谢同济大学张立副教授为本团队提供了参与课题调研、编写出版的宝贵机会,以及对组织丛书出版、指导本书编写的辛勤付出;同济大学出版社华春荣社长、张翠老师、冯慧老师、翁晗老师为本书出版付出了辛勤的努力,在此一并表示诚挚的谢意。

本书出版对本团队是一个巨大的激励,希望以此为开端开展更为深入的后续研究,从而为黄河下游地区的乡村发展贡献更多力量。

山东建筑大学课题组

2021 年 12 月